The Art of Food Design

星厨食物造型美学

美食艺术家和摄影师的食物美学

[西]大卫·谷滋蔓　　邱子峰　　著
DAVID GUZMAN　　ZIFENG CHIU

中国轻工业出版社

大卫·谷滋蔓（David Guzman）

国际知名米其林星厨、餐饮艺术家、食品造型设计师

餐饮硕士和酒店工商管理 MBA 双硕士

西班牙米其林星级餐厅前行政总厨

西班牙"Salgar"国际五星酒店集团前行政总厨

西班牙皇室、好莱坞名流、皇家马德里足球俱乐部的宴会主理主厨

奢侈品兰蔻、赫莲娜、罗意威、沛纳海、Magnanni、范思哲、玛戈隆特特邀设计主厨

GuzmanF&B 咨询（香港）创始人

Guzman 餐饮业咨询（上海）创始人

上海万达瑞华酒店艺术设计顾问

西班牙美利亚酒店集团亚洲区总顾问

天猫、佳沛、卡士、美善品、家乐氏特邀联名研发主厨

香港理工大学在线微硕士奢侈品管理课程研发导师

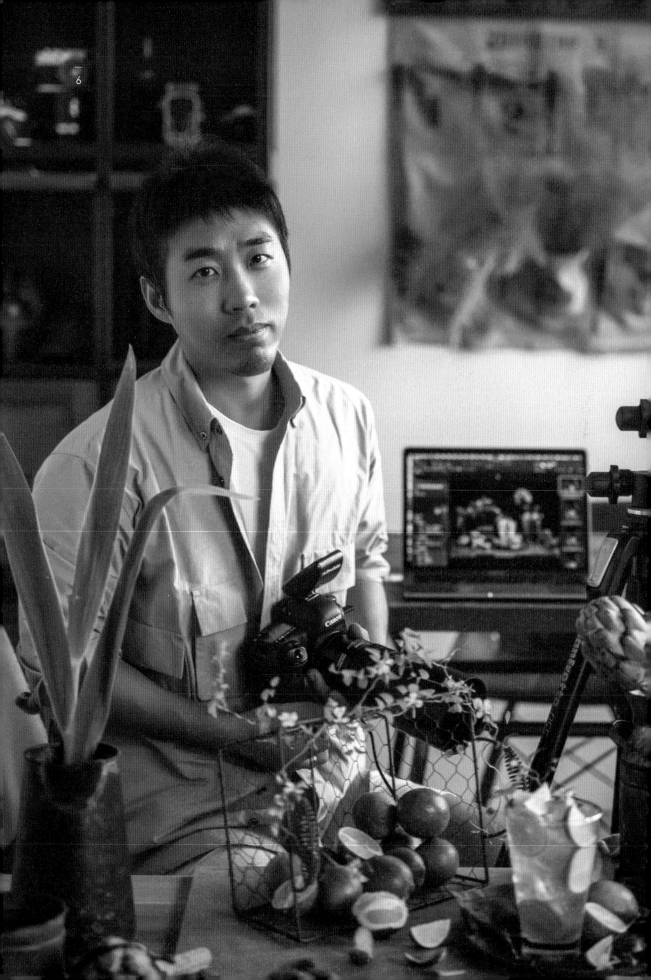

邱子峰（Chiu）

国内知名商业摄影师

《氛围美食影像学》作者

中国上海国际艺术节特邀摄影师

佳能、富士、保富图摄影课程讲师

方太、美善品、九阳、菲仕乐等厨电品牌课程培训讲师

食谱《辣味中国》获世界美食美酒图书大赛"The Best in World"奖项

多家媒体特约摄影师

GUZMAN
Gastronomic Consulting | Events

foodlosophy 有食间

目录

有人说，好的食物首先是一场视觉上的盛宴，其实我觉得，好的食物不仅仅要用眼睛去感受，还要用我们所有的感官去全面体验。不过毫无疑问，视觉上的感受往往是最直观的，而且它直接决定着我们对食物的判断。食物的外观给我们留下了第一印象，进而由此去揣测它的味道如何，猜想它到底是能为我们的舌尖带来一次愉悦美妙的旅程，还是会给我们的味蕾带来一次前所未有的挑战。正是因此，我根据多年的美食行业经验得出结论，食物的外观，即它的呈现方式是至关重要的。

一道菜，要想深入食客的内心并没有那么简单，这需要在食物和食客之间建立起情感联系。所以我们选用的所有材料或者用具都是为了建立起这种情感联系。桌布、餐具、餐桌气氛、餐厅类型，等等，想要把这顿饭准备的深入人心，这些元素都要一一考虑到。不过在这里我们首先讨论菜品的装饰方面。

历史上，美食行业一直不断发展变化，在当今 21 世纪，美食发展进化的潮流更是势不可当。每种文化，每个时代，每个民族，都有着他们自己的一套对食物的理解和偏好。举个例子来说，日本料理虽然菜品丰富，但是基本上还是以海产品和农产品为主，形成了自己独特的风味。味噌汤、日式白米饭、日本豆腐、沙拉、生鱼片、寿司，都是典型的日本菜。如果到了墨西哥菜那里，以下这些东西就肯定少不了：墨西哥玉米卷饼、烤馅饼、墨西哥薄饼、干玉米片、牛油果酱。然而随着时间的推移，这些文化也逐渐向外传播，在当今世界你可以在很多餐厅的菜单上找到不同国家的元素，不过它们依旧带着原产地的文化烙印。

感谢我在上海的生活经历，让我有机会在这本书里介绍这种融合了欧洲、亚洲两种风格的饮食文化。我个人认为，二者的结合能够碰撞出美轮美奂、别具一格的火花。在这里我所讲的不仅仅是简单的装点一道菜肴，更是一种科学与技艺相结合的艺术创作，通过这种创作，我的精神世界得以展现，有时还会在创作中融合宗教元素。遗憾的是，这样精美的艺术作品并不能永久保存下来，而且对每位食客来说也是非常私人化的艺术。我们可以把它比作一个画家的创作，他能够创作出精妙绝伦的作品，却不能让画作在这画布上永存。

有一点经常被我们忽视，却十分重要，就是我们在创作之前的状态。在创作前要去学着变得更加耐心，寻找身体和心灵的平衡，找到完全放松的感觉，之后再进行创作。如果我们能够进入这种状态，找到我们自己的创作模式就很简单，并能更有效地找到灵感创意，对想法进行梳理整合……

本书我将会根据个人经验来介绍自己的创作步骤，以及我在创作过程中领悟的一些技巧。

安　David Guzman

安宁、平静、和平，这是汉字"安"的部分含义。

对我来说，"安"还意味着找到我生命的基石、我的精神支柱——我的妻子。

仲冬来到上海，一家餐厅邀请我来做顾问工作。

来到这里，我发现这个城市和书里所说的很不一样，和电视里看到的也不太一样。

这座大都市，几乎完美地结合了传统文化与现代文化，并且还在不断地提升、进步。

真实的中国让我着迷，但除去这令人愉快和满意的工作经历外，我在这个辽阔的国家还找到了另一个让我无法离开的理由，那就是我的妻子。

谁能想到在一段简单的工作之旅中，我能遇到命中注定的伴侣。她是一个能给我心灵慰藉的人，给我那种每个人都在寻找的平静。

为了能与这样一位灵魂伴侣更好地沟通，我决定开始学习汉语。但说句实话，我没有抱太大的期望，因为我知道要面对的是这个世界上最为复杂的语言，它由成千上万个汉字组成，即使一个字也有好几个意思。

但在慢慢地深入学习过程中，我发现比起这种语言的复杂性，它书写上的艺术之美更令人着迷。很多汉字除了阐述自己的概念，它的形态还能准确地表达出这个字词的意义。

在一次日常上课的时候，我突然对两个相似的汉字非常好奇："女"和"安"。

为什么这两个汉字在书写上如此相似？我从老师那里得到的回答是："在中国传统文化中，男人在生活中有了女人就能找到和平与安宁。"

有女则安，我认为这是一个非常写实和美好的解释。

博大精深的汉字文化给了我很多灵感，我想在美食上融合中国的传统文化。

于是没有再多考虑，在这里我开启了人生的新篇章，创建了我的 Guzman 餐饮咨询公司。

将我的姓氏 Guzman 与筷子和叉子的形象组合在一起，创造出我的个人品牌形象。在这里我认同我们所做的以及为什么要这样做。我们目标清晰，不断寻求新方法，结合东西方的传统文化与现代文化，促进中西融合，创造艺术价值。

一场东西方美食美学的对话　　邱子峰

想起来也是有趣，刚刚跟一位意大利主厨拍摄完西班牙菜的食谱，就认识了这位来自西班牙的星厨 David，但是我们初次合作的项目是拍摄泰国菜。

拍摄当天，David 非常娴熟地制作了 10 道最经典的传统泰国菜，说是泰国菜，却又跟我在泰国餐厅里吃到的有所不同。他使用了很多东南亚复古风格的盛器，摆盘上更加具有高低层次及变化起伏，味道也令人感到十分惊喜，充满了迷人的泰菜风情。我很惊讶地问这位西班牙主厨是不是长期生活在泰国，David 笑了一下说，其实米其林星级餐厅的行政主厨最有价值的工作不仅仅是悉心研究自己的菜系，更重要的是去感受世界上各种精彩的饮食文化，寻找和领会其中的动人之处，进行更多的创造与表达。

由于职业原因，我常常接触许多顶级大厨，很多时候，作为摄影师都会被告知，主厨是个固执的艺术家，千万不要随便调整主厨的摆盘。David 却是一个例外，他非常随和，在拍摄前后都会要求摄影师一起讨论拍摄的风格、餐具、用色等，摄影师在拍摄中显然不仅仅是扮演一个记录者，更多的是创作者。

有了第一次愉快的合作，David 之后每一次为客户设计的菜品造型，都会让我去拍摄。将常见的菜品做出令人向往的最终呈现，对于充满艺术敏锐的主厨来说，显然是一件信手拈来的事，David 几分钟就可以完成一道精致的菜品。令我难忘的是，其中一道菜的造型从摄影的角度来看，我觉得层次稍显不够，经过简单的沟通，David 直接换了新的盘子，并在几分钟内使用另外一种完全不同的摆盘风格，重新放在了我面前，并微笑着跟我说："没有关系，一切以最终的呈现效果为重。"

David 就是这样的一位主厨，尽管已经成名数十年，却依然在学习着、创造着，在思维的空间里串联着灵感的火花。我们成了很要好的朋友，常常为一些美食创意项目进行合作拍摄。

我们合作拍摄了世界各地的食谱，David 都能轻松驾驭。这让我也想试着给他出个"难题"，于是，我找了几道传统中餐里的经典菜式，希望 David 运用米其林星级品质的思维进行改变升级，他欣然接受了这个挑战。

十天后的拍摄日，David 端出他重新创作的东坡肉时，在场的所有人都留下了极为深刻的印象，岩板上围绕着山峰状的黑色谷物脆片，在中间古朴的陶碗里，东坡肉的色泽显得格外诱人，主厨通过分子料理的做法，将东坡肉的酱汁凝成鱼子酱般的珍珠点缀在其中，菜品整体透露着典雅、均衡与深邃的氛围。眼前的这道东坡肉，让我感觉更像是一幅意境十足的中国山水画。

此外，鱼香茄子、剁椒鱼头等本应是送给主厨的"难题"，这些让我在拍摄中十分棘手的菜品，都在 David 的手中成了精彩的作品。

食物造型，本来是一门专业的学科，来自于现代广告摄影的需求，工作的目的也仅仅是为了拍摄而存在，为了让食物长时间保持新鲜的状态，食品造型师使用土豆泥制作成不会化的冰激凌；为了让饮料看上去更加凉爽，造型师使用喷水壶在杯壁上营造出水珠凝结的效果；为了让牛奶不在拍摄中变质，使用乳胶漆来代替牛奶……这些神奇的食物拍摄化妆术一直不为人知。人们很惊诧于食品造型师的工作，却显然不敢吃食品造型师制作的任何食物（笑）。

随着美食行业的发展，大家对美食已不仅仅停留在食"味"之上，食"美"也成了大家的需求，大概就是所谓"色香味俱全"中第一个"色"的概念。享用美食，我们需要一个完整的体验，从视觉到味觉的立体享受。

食物造型从广告摄影走向大众的视野，食品造型师也成为菜品研发的关键人物，他们精通厨艺，斟酌菜品的口味，研究菜品的外观造型，寻找最匹配的食器，可能还要涉及餐桌的布置以及用餐氛围的营造。

很幸运，在跟 David 的合作拍摄中，我们常常灵感突现，创作了一组组惊艳的美食大片。这些美食大片，并没有使用广告摄影中的特殊技法，而仅仅是运用大量的艺术思维，让食物跟食器更有温度地被呈现出来。

我们思考着，应该有一本书来记录这些灵光一闪的思维。David 对他常常使用的一些思维方法进行了总结和归纳，作为最后呈现方式的创作者之一，我也将自己的想法记录并分享给大家。希望这本书，可以给美食从业者一些食谱造型相关的帮助和启发，但我更多的是希望书中展现出星厨在食物造型中的美学思维，能够为各位所用。

感谢 David Guzman 团队在拍摄中给予的配合，感谢在本书出版中给予基础知识归纳的同事们的辛苦付出，也谢谢各位读者！

第一篇
关于食物造型

-

Part I About food design

食物造型的概念

食物造型是安排食物的艺术，让它看起来美味和新鲜。

美食永远是餐桌上的主角，盘子中的食物不仅可以满足味蕾，更重要的是人与人之间的交流和沟通。常规的食物造型会从"食"与"器"的关系出发，或者结合几何学中的"点""线""面"来设计盘子里的构图。如果说摆盘是一种信息的传递，那食物造型技法就是面向消费者的不同传递方式。食品造型师选择的技法并无对错，旨在向消费者展现食物的个性、态度以及温度。

隐藏在摆盘设计背后的思考脉络，除了视觉的注目之外，也包含了健康饮食的实践。一道美丽的摆盘，在视线与食物第一眼接触上的同时，便先行铺陈了饕客愉悦的食用心情。我们援引了西式料理的套餐经营，用分量小但道数多的出餐形式，有意地抑制了过度饮食的用餐旧习。食用完毕之后，仍有余腹缓想料理的美妙后韵。

这道菜可以说把精益求精做到了极致，每个细节都极具 >>> 心思。外圈白色、中心黄色的餐盘增强了菜品的表现力。红橙色调的对比让人眼前一亮，装饰细节使得造型饱满美观。另外，黑色背景的作用也不可忽视，黑色可以与菜品中的多个颜色形成对比，相互映衬，视觉效果极佳。

Salmon sashimi & apple, fig, mini lemon

三文鱼刺身、苹果、无花果、迷你柠檬

食物造型的发展

食物造型行业起源于欧美国家，目前国内随着食品广告业的发展和细分化，简单来说食物造型师是一个给食品"做美容"的职业，与摄影师配合，让食物在镜头前呈现最佳的颜色、质感、光感。

自 20 世纪 80 年代起，食物造型师已不时为客户拍摄各式的食物造型相片，在尚未有 Photoshop 等电脑软件的时代，食物的拍摄可谓是难上加难，食物造型的过程必须一丝不苟。例如拍摄一枚煎蛋，当客户的要求是蛋清一半已煎熟，另一半仍是生得透明时，就非常挑战造型师的技术。今时今日用 Photoshop 可以轻易完成的作品，当年却要花大半天时间才能拍出理想的画面。不可否认，电脑后期技术让摄影变得较为容易，但不代表食物的造型就可以变得马虎。

在很多日本电影中，经常会有厨房烹饪的场景，有食欲感的食物状态，与之搭配的器皿，都在考验着食物造型师的能力。以《海鸥食堂》闻名的食物造型师饭岛奈美本着对烹饪的热爱，跟随师父学习了 6 年，逐渐开始为广告片、电影做造型。

在瑞典，造型师 Linda Lundgren（琳达·伦德格伦）为超市设计了不同色系的水滴造型海报。其选择了同色系的不同蔬菜进行组合搭配，展现了食物本身的生命力，也传达给了消费者丰富新鲜的产品信息。

中国的食物造型师大都从事过厨师行业，未参加过专业的食物造型课程，通过积累一次次的拍摄经验，加上学习国外的技术，来提升食物造型水平。国内的餐饮品牌多，加上影视剧对食物造型需求高、网络传播的推动，使食物造型行业变得很火。肯德基、麦当劳这样的品牌会选择稳定的食物造型团队，保持一致的食物造型水准，很明显的特征就是很干净、突出主体。

Quinoa salad with herbal mustard sauce
&parsley crystal jelly, virgin olive oil

藜麦沙拉佐草本芥末酱、欧芹水晶冻、初榨橄榄油

Shanghai smoked fish

上海熏鱼

Fish head with chopped pepper

剁椒鱼头

造型小工具

工具和前面讲的步骤一样重要。一定要选用质量上乘的工具，并且好好的保养它们。工具的好坏也对我们作品的成败起着至关重要的影响，在这里我向大家介绍几种厨房里必不可少的用具。

画笔和小刷子

这两样工具是我们最常用的，也是厨师工具套装里最重要的组成部分。它们的用法比较广泛，画一些细线条或者是涂抹酱汁的时候都会用到，还有就是当我们要在肉类或是蔬菜下面放菜泥或果泥，以及需要涂抹增亮的时候。

刀具

不管是做菜还是摆盘装饰的时候，刀具都是必不可少的工具。

模具

模具可以帮我们把食材做成各种特定的形状，然后整齐地摆放在盘子里。圆圈型的模具可以帮我们控制菜肴的分量大小，把握食材高度，做出更加美观的造型。

盘饰酱汁画勺的巧用

盘饰酱汁画勺可以帮助大家更好地控制酱汁，让菜肴中所有需要用流动性原料来绘制线条的工作变得更简单。

勺子

各式各样的勺子可以帮助我们做很多事情，如用勺子洒酱汁，当然也可以用一个锥桶，锥桶形的工具是最适合滴洒酱汁的。漏勺可以最快速地将固体与液体分开，帮助我们完成所需造型。

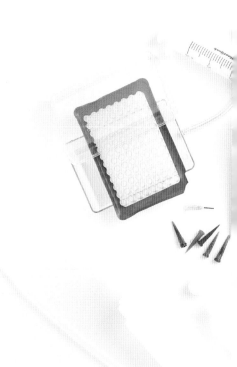

挤酱瓶

菜品快要完成的时候，可以用挤酱瓶来涂上酱汁，这种瓶子都会有一个可精确控制剂量的口，能够很好地帮助我们把控所需用量。

小夹钳

最后，厨师工具包里还要有一把小夹钳，可以用它放置一些细小的装饰或食物。许多这样的夹钳上面都有小的凹槽，这样使用起来非常稳固，抓得更牢。

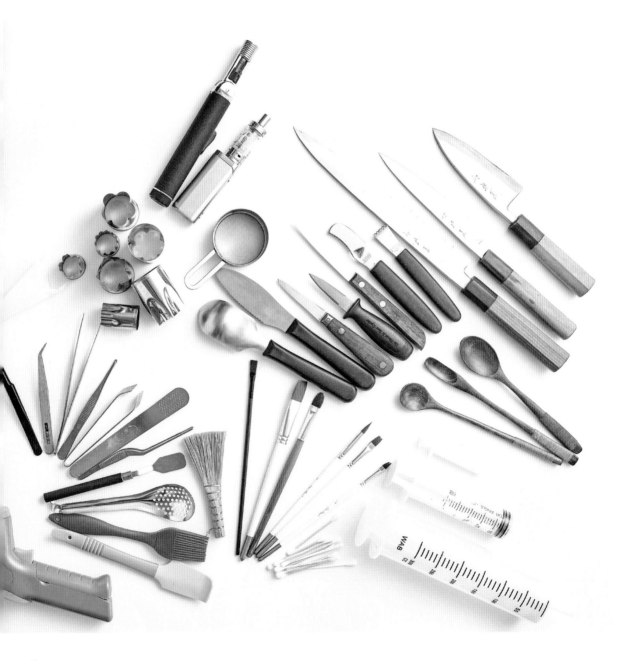

尽管我鼓励大家创新,但是创作的基本手法是在装饰菜品时首先要掌握的要领。你要学会借助某种模式和某些规则,来帮助自己在混乱的大脑中建立起一个秩序。怎样以最佳的方式呈现酱汁或是菜泥,可能是一件微不足道的小事,也可能是一件优秀作品的基石。要完成下图中的创作,只需把盛满酱汁的勺子倾倒在盘子上,然后拖着勺子来"弄脏"盘子,画出直线即可。

另一个在菜品装饰中要特别学习的技巧就是由点画线。首先用裱花袋点出两个点，这两点的材料可以是奶油或者是菜泥。之后，将勺子从奶油或者菜泥上掠过，在盘子的表面拖出痕迹。这时勺子可以画直线也可以画曲线，同样用这种方式也可以做出泪滴效果。由点画线这一技巧是初学者必备技能之一，同时也是菜品装饰中非常重要的一种手法。

泪滴效果也是菜品装饰中一定要学习的创作手法之一，是非常实用的一种手法。如果运用得好，能给菜品增添高雅精致的感觉。这种手法就是在一个平面上做出几个水滴状的点，有时候是这几个点加在另外一层酱汁之上，比如下面这幅图。先在盘子中把第一层酱汁涂开，在上面点出几个圆点，再借助一根小木棒，就能勾勒出泪滴的形状。

还有一个跟泪滴效果相似的手法是图腾效果。但这里不是先画出点，而是先画出彩色的线。不同颜色的线排在一起摊开后，会有一种对称的效果，就好像是一幅图腾画。在做这种效果的时候，需要一个挤压瓶，用挤压瓶在盘子上绘制出颜色鲜艳的线形。之后再借助一把小刷子，按"之"字形画波浪线，把原有的线形打断，漂亮的图腾效果就出现在你的面前了。

接下来大家就会看到，上文介绍的几种不同的创作方法是如何在同一道菜品中综合运用的。我们的目标是创造出具有美感，让食客赞叹的作品，所以在创作中想象力的发挥也是非常重要的。

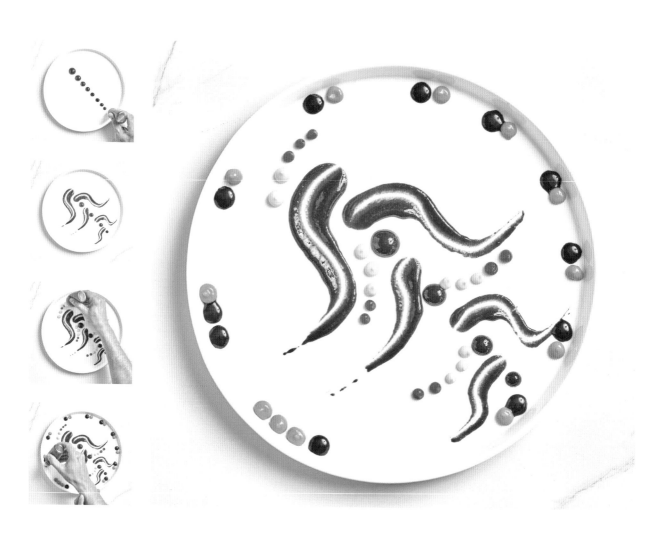

制造飞溅效果最基本的工具就是勺子。通过手腕的灵巧转动带动勺子转动是创造飞溅
效果的基本手法。当然也可以选择其他方法，其中有一种非常古老的方法，就是弹射
法。以下是这种独特技法的动作要领。首先拿勺子蘸取少量酱汁，调整勺子，使酱汁
一端略上扬，勺柄一端朝向下。然后把勺子置于盘子上空，一只手握住勺柄保持不动，
另一只手将勺子的前端酱汁部分向后拨并发力，然后放开，酱汁就随着惯性喷溅到盘
子上了。这是个很有意思的方法，但是同时也有毁坏作品的风险，所以一定要清理好
周边物品做好准备，以免弄脏其他东西。让我们穿越历史的长河，一起练习一下这古
老的技法吧！

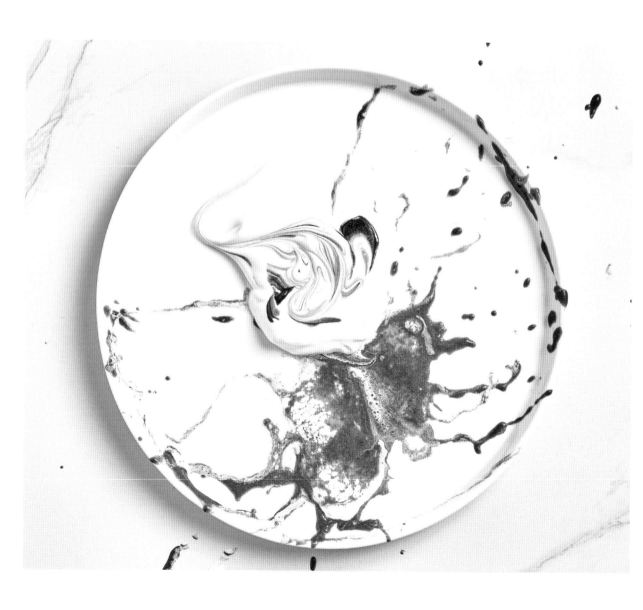

如果想要创造出更丰富的飞溅效果，可利用几种不同的酱汁相互叠加。用装好酱汁的勺子从上向下抽打，同时迅速地转动手腕，这样就会形成飞溅效果。这种创作手法比较随意，飞溅的效果也不能总是合我们的心意。因此，我建议多尝试几种飞溅方法，然后选择最适合这道菜品的。

再塑和压制膏状材料来创造出某种特殊的形状，是又一项帮助我们制造出精彩作品的技巧。运用这种创作手法，首先要找到一个平坦的表面，在这个平面上给膏状材料施加压力，使其形态发生改变。在下面这幅图中可以观察到，我用了一个带小把手的金属片来压制材料。借助这种技巧可以创造出无尽的装饰造型。比如下图，如果我们认真观察图中的作品，就能发现该作品就是以树为主题的抽象设计。

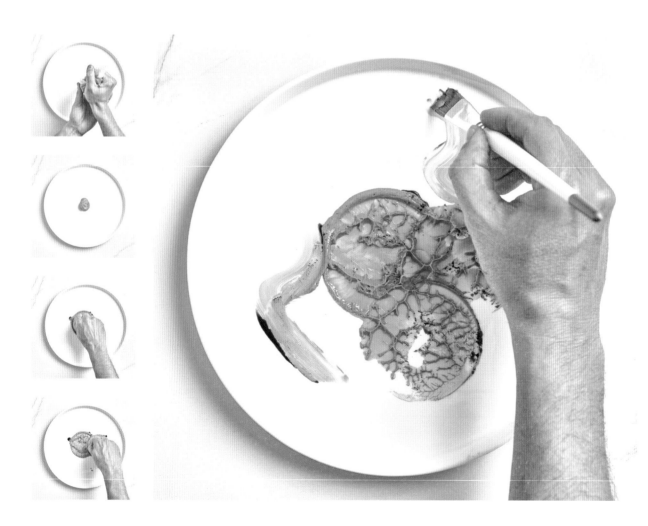

如果想让形状变得模糊不清，可以借助一根木棒或者一把刷子进行抹擦、稀释、冲淡。不管如何操作，或是使用什么工具，目的都是为了让形状不那么死板，使整个装饰更加生动鲜活。如果能够把不同的材质组合起来，那整体的造型就会更加丰满美观。

还有一个非常简单实用的方法就是运用奶油的蓬松感，比如用打发的奶油，再配以红色的果酱，然后用刷子扫过盘子，就形成了类似于浮雕画的造型。通过这种技法和独特的材料质感，就能创造出各种各样新颖的效果。类似这种用蓬松的打发奶油营造出的浮雕感，还可以运用不同材料的各个特点，对菜品进行点睛之笔的装饰。

Blue and orange macarons

蓝橙马卡龙

在创作过程中，一定不能忽视颜色的搭配。选用互补色进行搭配可以出现令人眼前一亮的效果，常用的互补色搭配有橙色与蓝色、红色与绿色等。

多观察、多练习，可以更好地体会颜色搭配的魅力，在本书后面的章节中，我也会进一步向大家介绍颜色搭配中的一些基本知识。

扫码看视频

Argentine beef tenderloin,
grilled asparagus,
caramel caviar with red wine sauce

阿根廷西冷牛排、烤芦笋、
焦糖鱼子酱佐红酒酱汁

这里我有一个非常好的例子。盘中首先做一个用菜泥或酱汁制出的泪滴造型，之后逐步在盘子的中央放上菜肴的主体。在食材和盘子边缘之间要留出足够的空间，避免拥挤，保持食材新鲜。菜品选用了煎至金黄的牛里脊，并配以南瓜和胡萝卜。然后再放上胡萝卜花做装饰，这是我个人最喜欢的部分。日式刻花装饰非常常见，给人以清新美好的视觉感受。接下来，我又点缀了几点菜泥，依然跟之前的装饰保持同一色调。最后再加上芦笋和绿叶，让绿色从单一的颜色中跳脱出来，形成颜色上的对比，这样一道极具观赏性的菜品就完成了。

Jadeite, beeswax & fish

翡翠、蜂蜡、鱼

在这个例子中，除了酱汁营造的飞溅效果外，还可以看到不同颜色的协调搭配。以白色为主色调，黄色和绿色相映。如果把黄色和绿色混合，还能得到一系列不同的黄绿色调。

黄色非常明亮，适合运用在一些暗色系的菜品中，起到提亮的效果。如果把黄色和绿色放在一起，就能营造出特别轻松活泼的视觉效果，我认为是一种非常精致漂亮的色彩。

扫码看视频

Mango tart black powder painting

水墨芒果挞

光线反差，也可以说是明暗对比，这是影响视觉美感的一个重要因素。为了产生这种对比效果，一个明亮的颜色或者是一个高饱和度的白色应该和一个较暗的颜色或者高饱和度的黑色放在一起。这种强烈的反差会造成视觉秩序上的混乱，而这种混乱又会营造出一种别致的美感。这种效果很难用语言去解释，但是当你去尝试的时候，最后的效果可能会让你很惊喜。比如奶黄色和黑色，我个人认为这二者的结合有一种非常微妙的美感。还有黑色和白色、黄色和黑色，这两种组合都能凸显颜色的纯净和美感。

扫码看视频

Red jewel & fish

红宝石、鱼

颜色的选择是万万不可大意的。从创作的一开始就应注意颜色的选择，这对作品最后的呈现效果起着至关重要的作用。不同的色彩和不同的色调能够传达出不同的信息。比如说，鲜亮的颜色往往让人们联想到积极的东西。所以要了解不同的颜色能给人带来什么样的不同感觉，以及明白这种颜色能够如何影响我们的创作。颜色运用得恰到好处，对菜品的最终呈现效果和对食客的直观感受能起到非常关键的作用。因此，颜色的运用一定要慎重斟酌，不可随意决定。拿红色来说，红色是三原色之一，是一个非常抢眼的颜色，以至于有红色在的时候，其他颜色都成了陪衬。红色有着其他颜色难以超越的表现力，所以当我们在创作中想要把食客的注意力放在装饰上而不是食材主体上，那么红色就是最好的选择。

Garden
———
花园

有时候利用简单的元素，比如花朵、色粉，就能创作出很棒的作品。脱水的蔬菜水果磨成粉就是魔法棒，帮助我们做出颜色可人、味道绝佳，同时又富含营养的菜品。

脱水果蔬粉有各式各样的，因为所有的水果、蔬菜甚至树叶、花草都可以脱水磨粉。不仅如此，这些单一的材料脱水磨粉后还可以进行组合，能够让作品的颜色更丰富、更具美感。可以用它上色、点缀、染色、调味……让我们的菜品不再单调。最后再装饰上一些花朵，一道完美的作品就诞生了。

第二篇
案例演示

Part II Case demonstration

▌平衡性

大家都知道"平衡"这个词的意思，但是当谈及一道菜时，平衡这个词应该怎么理解呢？有时候制作了一道非常精致的菜肴，颜色鲜艳，色泽诱人，但总是感觉缺了点什么。这种情况可能就是在装饰过程中没有考虑到平衡这一要素。如果在平衡一词的本意中寻找答案，平衡的意思就是说要追求整体中所有要素的和谐，要以一种恰当的方式去排列组合，达到预期的视觉效果。

要想最好地达到这种平衡，只需在菜肴的装饰中加入几个同样的几何形状。通过对某一形状的重复运用来达到平衡效果是菜品装饰设计的重要手段之一，这种方式能让整个设计充满节奏感和一致性。有时候，最简单的方法也是最好的方法，就是遵循这种重复某一几何形状的模式。这样就营造了一种在视觉上的节奏感，从整体上看，整个菜肴显得平衡和谐，具有美感。

Tuna tataki, baked asparagus & black garlic
轻烤金枪鱼、烤芦笋、黑蒜   >>>

David：熟能生巧，成功的秘诀就是不厌其烦地练习。但是也要学会休息，很多时候人们的负担太重了，如果累了要记得停下来歇一歇，给自己一个喘息的机会，反思自己的作品。这样既可以在技术上得到提升，更好地把握自己的节奏，又能够增强鉴赏力。不要忘记，你的设计和装饰一定要真实地反映出你的内心，所以要把创作中的所有元素按照自己的品位和想法进行修饰，让这道菜充满自己的风格。

对比颜色的运用、光线恰当的处理使得这道菜看起来清新可人。细节的处理，几何形状的运用和整齐的刀工使得原本粗糙的原料也精致了起来。为了把一小块低温烹饪的圆形牛排装饰成一道更加美观高雅的菜肴，我特别注意了细节的处理。既要了解菜品装饰的知识，又要充分发挥自己的想象力。

Lasagna pasta, tender beef, red wine jelly mirror
& cheddar cheese

千层面、西冷牛肉、红酒果冻镜面、切达奶酪 <<<

Chiu： 菜品本身的色彩搭配很鲜明，在远侧放置了同色系的餐具架和一副刀叉，使画面能够处在一种更为稳定的秩序中，画面的右侧加入了通透的光影，整体的节奏在这种状态中达到了更舒适的平衡。

在菜肴装饰上最有趣的莫过于对几何图形的运用，用点和线创造出丰富多彩的造型。通过最基本的几何形状，比如三角形、正方形、菱形，或是点、线，充分发挥想象力，就能得到各种巧妙的创意，但是不要忘记，一定要根据菜品的主线来添加其他形状进行创作。

Grilled lamb chops, roast organic carrots,
red wine sugar with carrot sauce

烤羊排、烤有机胡萝卜、红酒糖佐胡萝卜酱

Chiu: 盘中运用了点线面的精彩组合，在餐盘边缘处撒下姜黄粉后进行盘子移位，使得空出的位置出现了一个"月牙"，让菜品和桌面组成了动静结合的画面，隐性与显性的图案在协调的呼应中让整体图像更吸引观赏者的目光。

Grilled lamb chops with vegetables

烤羊排配烤时蔬

David: 这道菜的设计非常注重平衡感，给人工整又协调的感觉。风格简洁，在菜品主题上逐渐增添细节的修饰。在这里运用的颜色也对整个装饰起到了重要的作用。

Chiu: 画面采用偏离中心构图的方式来表现菜品的重心位置，在菜品的布置上充分应用了食材本身的几何特征，通过线条的交会与延伸引导食客的视觉感受。鎏金色背景、深色系盛器和流苏的组合运用，为画面营造出了严谨、内敛的东方典雅神韵。

Foie gras, fruit tartlet, mango & blackberries sauce

香煎鹅肝、水果挞佐芒果酱、黑莓酱

p 62

David: 和谐和平衡是我在装饰中始终追求的两个目标，以此为基础来寻找最佳的视觉效果。不同的色彩和材质要相互协调，并且要通过颜色和材质的对比突出主体，做到主次分明。

Chiu: 不均匀的摆盘依然让这道菜呈现出流畅的感觉，对食物元素的缜密构思使菜品在不对称的设计中依旧不缺乏稳定感，盘子右侧留白的部分也因此显得别具巧思。在陈列上加入了铜钱草和餐具，在不对称的构图中取得了平衡。放置叉子的蓝色珐琅餐具台也为画面增添了一份灵动。

Fried cod fish and pickled vegetables

香煎鳕鱼、腌制什锦蔬菜

p 63

David: 从这道菜品中可以看出食材形状和颜色之间的平衡运用得非常好。以鳕鱼作为中心点，周边重复运用了树叶、蔬菜、酱汁的形状和颜色，从而使整道菜品的视觉达到一种完美的平衡感。

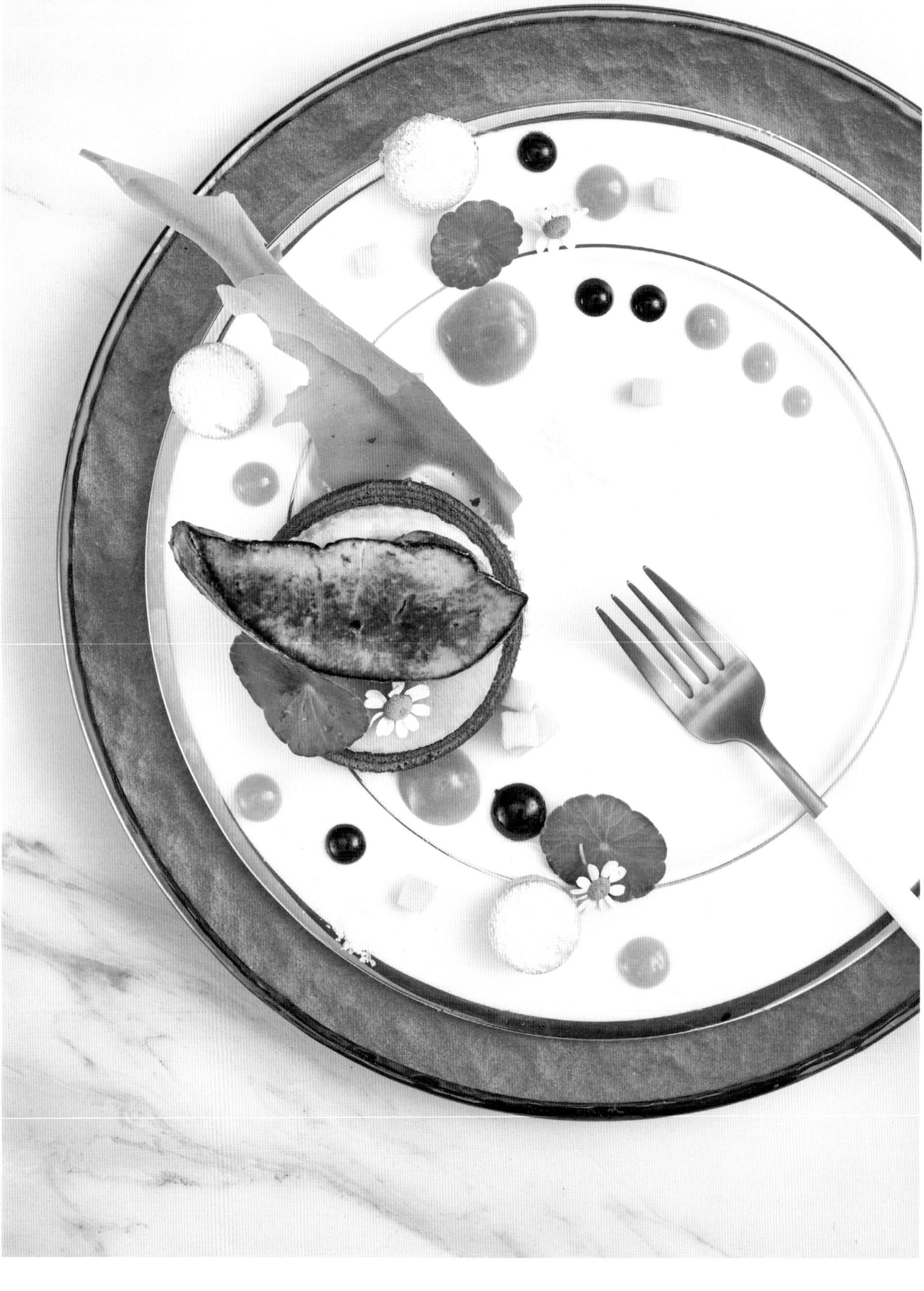

┃ 匀称性

我们做出的每道菜都应该能够传递出以下几种感觉：平静、纯净、精致、放心。为了向客人传递这样的信息，应当尽可能地考虑到匀称性。刀切要均匀一致且干净利落，食材的摆放要形式整齐，这些因素都对最后成品的外观起到了决定性的作用。

 Australian wagyu beef, baked potatoes, baked coconut chips
澳洲和牛、烤土豆、烤椰肉脆片 >>>

David：和谐意味着整体中所有要素的协调一致。颜色、线条、体积都要注意相互协调，平衡美观。

Chiu：菜品采用了徐徐上升的旋梯立体搭建，同时用手撕的烤脆片象征"火焰"，使整道菜看起来增添了许多生气。拍摄时选用了深色系的背景和远处深色（两个圆形置物架）、近处偏亮（金色餐具和花瓣）的搭配进行构图，使菜品整体更加干净，盘中"火焰"的部分也更加吸引人们的目光，整体处于一种匀称和谐的氛围中。

 Black pepper steak
黑椒牛柳 p 66

David："高级"和"优雅"这两个词很难用语言定义，如何找到这种感觉？有时候你看到一道菜肴，会觉得它很高级，却说不出为什么。那是一种感觉，一种态度。想要让菜品看起来更有高级感，有一条黄金法则就是根据不同的场合进行细节上的调整。比如说这道菜是上海风味的牛肉配胡椒酱，为了适应西式宴席的需要，我会选择小分量装盘，并且选用花朵装饰和非常精致优雅的餐盘来搭配。

Chiu：拍这道菜时我使用了 G20 峰会中特别供应的玛戈隆特餐盘，俯拍视角中菜品的优雅意境和妥善的摆盘得以直接呈现。这道菜细腻地体现出静谧与丰富的感觉，从圆盘中穿过的叶子则让菜品与空间形成了巧妙的沟通。在背景中没有选用任何其他的装饰，也是在排除对这道充满灵感的菜品不必要的干扰。

Fried sole fish matched by carrots with lemon butter sauce

香煎龙利鱼配胡萝卜佐柠檬黄油汁

▌不对称性

简单地说，不对称性就是"有秩序的混乱"。想在菜肴中运用不对称性来达到一种和谐的美感，创作起来还是有一定局限的。不同的大小、薄厚、形状……这些要素运用不当很有可能造成视觉效果的混乱，但是如果能够把握好这个度，会给作品增添不少艺术气息，形成独树一帜的风格。不过运用不对称性的时候，一定要非常谨慎，因为运用得不好不但会毁了这道菜，甚至毁掉创作者的整个职业生涯。我的建议是，如果有百人以上用餐的话，优先考虑运用对称效果来进行装饰。

Caramel violet chocolate mousse

焦糖紫罗兰巧克力慕斯

David： 如果要把一道菜品从中间分开，两部分不一定要同样的大小，不一定要同样的颜色或等重，但是两部分的元素要相互呼应，这就是不对称中的平衡。

Romantic seafood

浪漫的海鲜

p 70 ~ 71

David： 一个不对称的设计往往能够打破惯有的秩序感，更加引人注目，能给食客留下深刻的印象。

Sole fish, vegetable chips
with white wine sauce

香煎龙利鱼、时蔬脆片佐白葡萄酒酱汁

Duck confit duck leg, gold foil with fresh prune sauce

油封鸭腿、金箔佐新鲜西梅酱汁

颜色

好的颜色搭配可以事半功倍地增强一道菜的表现力，而若是用了不恰当的颜色组合，很可能让一道菜立刻得到零分。了解选用颜色的技巧在各行各业中都很有用，知道颜色的基本知识，记住一些搭配的规律，能帮助我们更轻松地进行创作。

首先，我建议大家对照色相环来确认几个基本概念，根据颜色系统的不同，色相环也分很多种，在这里我们使用美术中的红黄蓝（RYB）色相环。

互补色

在色相环中，成 180° 角的两种颜色就是互补色，如红色与绿色、蓝色与橙色、黄色与紫色。互补色同时出现，会让人感到两种颜色都更加鲜艳。

邻近色

在色相环中，60° 角范围内的颜色都可以视为邻近色。邻近色可以用来强调某一种感情特性，如红色与黄橙色的搭配，可以传递热情活力。

同类色

在色相环中，15° 角范围内的颜色为同类色。如深红与浅红，深蓝与浅蓝，它们的色相差别很小，使用同类色的搭配可以实现和谐中带有对比的视觉效果。

关于颜色搭配的建议

当人们看到某些颜色搭配时，内心会有特定的感受，这些感受源于对自然界的联想和当地的文化。相比于大胆的撞色搭配，我建议大家先从邻近色的搭配开始练习，这样更容易实现整体的和谐。如果使用互补色的搭配，不妨试试两种颜色一多一少，这样既实现了颜色对比的视觉效果，又不会让作品显得混乱无序。

通过经验的积累，你将逐渐拥有运用色彩的直觉，加上一些颜色搭配的知识，你就可以创造出非常棒的作品。但是与此同时，你手里拿着的是一把双刃剑，如果颜色运用不当，整个菜品会在瞬间毁于一旦。所以对于创作者来说，适当的学习是非常有必要的，毕竟不能把手里的菜肴当成实验品，那太冒险了，要是稍有不慎用错颜色，就前功尽弃了。

扫码看视频

Cook flank steak slowly in low temperature,
baked potato chips, pumpkin powder

低温慢煮牛肋排、烤脆薯片、南瓜粉

>>>

David: 在这道菜中，盘子的周围比较空，我撒上了一些南瓜粉，盘外侧放了脆薯片来进一步加强装饰效果。整体呈略具黑灰色调的黄橙色系。

Chiu: 整个图片依据肋排挂酱汁之后动人的颜色呈现，让灰色系与黄色系相互映衬，通过撒南瓜粉并将盘子移位的方式使画面有了清晰的层次，同时与出现的日与月的图案相互对应，形成图像中"存在"与"消逝"的动态。右侧上部的橘色脆薯片通过形态与颜色的表达，让它看起来如同燃烧中跳动的火焰一般，并在这一刻定格，提升了整个画面的观赏性。

Salmon with grilled asparagus,
bicolor organic vegetables and fruit puree

香煎三文鱼、烤芦笋、有机双色时蔬果蓉

>>>

David： 近互补色的意思跟相反颜色的意思差不多，但是近互补色在色相环上的位置更加靠近，对比没有那么强烈。近互补色在菜品中的应用非常多，我之前提到过，每个颜色都有一个相反色，却有两个近互补色。有许多设计就是利用了近互补色，创造出了颜色协调、引人注目的作品。

Chiu： 卢笋与三文鱼两种食材让菜肴拥有了生动的颜色对比，用碧蓝色的餐盘盛装，能更好地发挥这种映衬效果，让菜肴更醒目。画面中布设了酱汁、香草、筷子和枝叶，让这道前菜的新鲜感呼之欲出，也增加了食客对食物的期待。

Iberian pork tenderloin, purple yam flour

伊比利亚猪里脊、紫薯粉

p 82

David： 色彩是打造完美菜品的有力工具，有时候颜色的运用甚至能改变整个作品的风格。巧用色彩搭配，能带来意想不到的效果。用同一色系中几种深浅不同的颜色，可以是从浅到深或者是从深到浅，二者都能营造出良好的视觉效果。有时候不同深浅的色调会形成有明显界线的色带，但我个人比较喜欢这个色带过渡得更加缓和一些，渐变的不那么明显。这道菜就是用了相近色调进行装饰的一个例子。

Chiu： 深色背景在添加了紫色元素后，更传递出优雅和魅惑的感觉。同时相近颜色花朵的布置与盘中的紫色内外呼应，也让画面有了飘落的动态和生机，菜品也在这种氛围中更具神秘感和吸引力。

Grill squid

烤鱿鱼

p 83

David： 在一个视觉效果非常和谐的作品中运用到的颜色也应该是相互协调的，有时候是同色系几个色彩的搭配，或者是不同色系中但都含有同种中性色调的几个色彩，后者可以突出作品中其他的亮色。

Chiu： 在构思这张图片时，色彩依旧是我考虑的重点。我选用了质地与色彩都具有稳重感的盛器与餐垫，并在二者间形成了另一个深与浅的简单对比，这组深色道具的使用让本来就含有深色系元素的菜品得到了有效的衬托，让菜品本身更加具有吸引力，感觉也更生动。

Grilled zucchini, basil crystal jelly, saffron crocus yolk sauce

网纹烤西葫芦、罗勒水晶冻、藏红花蛋黄酱

>>>

David: 绿色给人的感觉非常清凉，很有活力，是大自然的颜色，也是很多人最喜欢的颜色。黄色跟绿色比较近似，是暖色，这两个颜色都非常适合装点菜肴，营造一种清新可人的视觉效果。

Chiu: 这张图依旧使用了颜色相近的背景和餐盘，以绿色为主色调的食物与色相环中位置相近的黄色进行搭配。两种颜色的搭配让这道菜的视觉效果鲜明生动，黄色圆珠状酱汁的点缀使画面中两种颜色的分布更均衡，图片中的太阳花按照盘中颜色分布的趋势进行布设，引导了观看者的视觉轨迹。

Roast coloured bell peppers,
whole-wheat bread, fresh tomato puree

烤彩椒、全麦面包、新鲜番茄泥

p 86 ~ 87

David: 对于任何一个设计来说，色彩都是基础要素，所以如何搭配色彩非常重要。红色、棕色、黄色、绿色是一系列相似的颜色，如能合理运用到菜品中，能营造出和谐平衡的视觉效果。

Chiu: 这张图片中的菜品、配菜和酱料主要以暖色系颜色进行组合，经典的罗勒尖装饰则让菜品传达出了更多清新的信息，也避免了过"热"和"腻"的感觉。面包与刀的布置让暖色调的组合在醒目的同时也不失平衡。

Prawns with red bread

虾、红面包

David: 互补色就是在色相环中位置相对的两个颜色。这两种颜色就像是水与火，能够产生最强烈的对比。在色相环中可以看到，红色与绿色相对，紫色和黄色相对，橙色和蓝色相对。所以可以利用颜色之间的互补来找到平衡。

Chiu: 运用色彩并在其中找到平衡，使这张图片在视觉的呈现上更加立体。在其他道具的布置方面，我选用了一副颜色与线条都能契合主题的西式餐具，同时，右上方加入一块玉佩也给画面增添了东方意蕴，东西方文化间的平衡感也在这个过程中更加和谐。

Scallops graten

焗烤带子

p 90 ~ 91

David: 风格简约，崇尚自然，注重细节，艺术手法经得起时间的考验，这些都是日本美食艺术和日式菜品装饰的共同特点。尽管西班牙和日本距离遥远，但日式菜品装饰艺术也能很好地与西班牙文化相融合。西班牙文化与亚洲文化有相似处，都是热爱美食并且乐于分享。这道菜就是把非常具有西班牙风情的贝类，按照日式装点的方式进行放置，色彩搭配上既有西班牙菜中鲜艳奔放的暖色调颜色，又有日式审美中表达平静与专注的深色系颜色。

Chiu: 在拍摄中我了解到，主厨对于这道菜品本身的设计思路是简洁、自然、细致，所以我围绕着这个思路进行了布置，菜品下方托垫的手工雕刻木盘，富有自然感的土陶小碗，既使整体风格更加协调，又让食物的细节更加明显，托盘一侧的绿色植物进一步呼应了这种自然与生机的感觉。

Foie gras, fruit crispy chips
露杰鹅肝、水果脆片

Salmon roe, beet slices, fragrant rice crispy chips

三文鱼子、甜菜片、香米脆片

Molecular apple pie

分子仿真苹果派

David: 当这道菜肴的主体风格和主色调都很明确时，要注意尽量运用相协调的色彩做搭配，如金色与紫色，再通过装饰不同的形状，使整个菜品外观达到视觉平衡的效果。

Chiu: 菜肴与盘子的组合在主厨的设计中已经体现了色彩间的平衡，在这个精致呈现的前提下，我选择搭配了暗金色的背景，既能与盘子边缘的金色部分形成良好的过渡，又在简洁中衬托了菜品本身的高级感。最后我在盘中斜放了一柄金色勺子，使画面的两个部分产生了联系。

Grilled vegetables

烤什锦时蔬

p 96

David: 在菜肴装饰中彩色的运用给人以年轻时尚的感觉。通过对蔬菜水果不同形式的运用就能创造出无穷的色彩搭配。比如粉红色和橙色的搭配，绿色和蓝色的搭配，都有很好的视觉效果。在菜肴装饰中，颜色的组合可以大胆创新。颜色的巧用能给菜品带来神奇的效果。在这道菜中，不同颜色和质感的烤制蔬菜、菠菜胶冻、椰子琼脂和南瓜泥的组合，呈现出优雅时尚的造型。

Mozzarella cheese and fruit salad

马苏里拉奶酪水果沙拉

p 97

David: 菜肴的装饰能够影响食客的心情，包括所有细节，比如颜色。对于一些带着怀疑心态的食客来说，菜肴的装饰就像是一个"广告空间"。为什么这么说呢？因为装饰会影响人们对菜肴或有意识或无意识的判断。菜肴中一些富有美感的装饰能够改变食客身上的能量，激起他们的食欲，让食客和厨师间建立起一种情感共鸣，这一点是非常重要的……图中是一道著名甜点，马苏里拉奶酪水果沙拉，放置于中式瓷器中别有韵味。

Chiu: 图中我使用了 G20 峰会中亮相的玛戈隆特餐具，素雅中带有生趣，在盛装这道菜品时产生了优异的搭配效果，草莓酱的颜色和质感得到了很好的表现，整体摆放过程中兼顾餐具与盘内食物，考虑了整体的聚散关系。

Mousse with green vegetables
and red salmon caviar

绿色蔬菜慕斯和红鲑鱼鱼子酱

高度，顾名思义就是空间模型中的 Z 坐标。给一道菜进行高度上的修饰，就是给了它一个第三维度的量，能优化作品在体积上和形态上的结构，使其最后的造型更加美观漂亮。毫无疑问，高度上的修饰是相当重要的，能对我们的装饰工作起到锦上添花的作用。

Roast salmon by fire
火焰三文鱼   >>>

David： 这道菜品运用的橙色系颜色代表火，体现活力和欢乐。我把橙色系颜色和一些中性颜色混合，就得到了更加平衡的色彩。在开始进行设计的时候，我希望能将火焰的元素体现在这道菜品中，于是选择在三文鱼的顶部空间进行装饰。通过增加高度，加强了菜品的立体感，也使"火焰"的效果更生动。

Chiu： 主厨选用的火红色与隐秘的黑色，使我直接联想到了中国清代皇家女子的头饰，这个有些抽象的造型也让我从中得到了灵感，由此入手，为之设计了与宫廷气质相贯通的艺术氛围。在布景时我的另一个重心是简要，没有罗列烦琐的历史物件，只在色调、烟雾的呈现中带出了这种传统秩序特有的美感，为餐桌增添了魅力。

Beef steak tartare
宫廷鞑靼牛肉   p 102 ~ 103

David： 为了搭配这道鞑靼牛肉，我选用了印有中国清代宫廷风格印花的珐琅瓷盘，整体造型显得别具一格，并且也注重了高度的调整和颜色的对比。摆盘造型上，鞑靼牛肉做成一定高度的圆柱形，为了突出高度，我使用了具有弧度的大米脆片做装饰，让高度更有层次感。

Chiu： 造型立体的菜肴搭配绘制精细图案的盛器，盘子上的仙鹤、海浪与枝叶的图案所带来的延伸感从俯视的角度尤为醒目，在这个基础上我对布景也进行了意象上的开拓，色彩的使用中以象征尊贵的黄色与寓意为园林的绿色进行搭配。在整体构图中形成了多层次延伸的跃迁，让图片在图案、空间与意象的相映成趣中实现明线与暗线的共鸣，又在对比中凝固了一种动态开始前的宁静与悠远。

Dongpo pork

东坡肉

>>>

David: 这道菜首先映入眼帘的是塑造成假山造型的黑脆米，进一步研究这道菜品的装饰技巧的话就会发现色彩这一要素起到了重要的作用。这道菜是一道典型的杭州菜，外观比较粗糙普通，为了追求一种高雅大气的效果，我在装饰时选用了同色系的颜色，形态上采用了对称的装点方式，并增加了造型高度。餐具选择了中式传统有乡村气息的餐具，为整体造型增添了朴素优雅的感觉。

Chiu: 黑色的主色调让图片拥有神秘、力量与传承感。东坡肉保持了经典的方形造型，通过黑脆米的层次性构图与一缕烟雾来衬托幽谧的中式氛围，呼应了这道传统名菜的历史性。装有调料的木匙与右侧下方的打光，避免了大面积使用黑色可能产生的沉闷与冰冷。

Tuna tataki & courgettes
日式轻烤金枪鱼、烤西葫芦

Sweet dumplings

汤圆

也许对于部分人来说，鸡爪、鱼头、猪内脏不是什么让人看起来有食欲的食材。不过事实是，在一些地方这些食材却很受大众喜爱。尽管这些食材看起来难登大雅之堂，但仍然可以通过装饰搭配美化它们。比如可以用一套合适的餐具来突出这种菜品的独特风格，这样整体看上去菜肴就和之前迥然不同了。

Pig-knuckle in Sichuan style
川味蹄花
>>>

David: 要想追求简约的风格，一定要注意颜色的运用。明亮的色彩往往会创造简单轻快的效果，但是也有特殊情况。比如这道极具川菜特色的蹄花，本身的外形并不是非常美观，如果在细节上稍微给它做一些颜色上的修饰，就能塑造出极简主义风格。也就是说，这道菜装饰的重点是要用尽可能少的颜色和元素，来呈现简约的特点。

Chiu: 在一个干净的水泥台面上进行拍摄，简约的日式手工盛器让食物以外的部分更具一体性，使背景更加清静、通透。食材本身的形状让它已经具备高低错落、远近起伏的小结构，通过配菜来加以点缀，很轻易地形成了餐具中的山水小景。

Pork skewer with spanish chili sauce
猪里脊烤串佐西班牙辣酱
p 110 ~ 111

David: 简单、新鲜是这道菜的关键词，重点呈现出食材的新鲜度。

Chiu: 水墨风的汤碗上放置的猪里脊烤串，像是搭建在湖面上的卧波长桥，使菜品中有了景致关系。左侧的木勺穿透了不同空间中的隔阂，但使得画面的左侧会有些偏重，所以我在右侧上方的背景中点缀了一朵小花，带来了更好的平衡。

Flame roast chicken

火焰烤鸡

<<<

David： 在很多菜肴中我都喜欢运用颜色鲜艳的薄脆食品来进行装饰。这道西班牙烤鸡，就用了红色的薄脆米饼做装饰，增加了造型高度，还配了青花椒和红、绿辣椒圈，使其更具有亚洲特色。这样就把一道西班牙菜装饰得颇具泰式或是中式风情了。

Chiu： 这道菜的颜色与味道让我想起了四川的食物，所以我在配色时使用了红、绿、青、蓝等川剧脸谱中会出现的颜色，并且将一些菜品中用到的调味料摆放在画面中，既有了图片的聚散关系，又让人们在看到图片的时候能通过条件反射联想到辛辣的味觉感受。

Murcia seafood salad

穆尔西亚海鲜沙拉

p 114

David： 西班牙的沙拉有其特别的风味，其中有一种是穆尔西亚海鲜式沙拉，主料是俄式沙拉配小饼，上面再加上凤尾鱼，是一道很棒的开胃菜。我根据亚洲人的饮食习惯，在这道菜原有的基础上添加了其他海鲜，还有鱼子酱，将它们放在一个日式木板上。很多时候装饰的作用就是要体现出菜品原有的风格和特点，不要去画蛇添足。

Chiu： 主厨虽对西班牙海鲜沙拉进行了创新，但依旧保留了充满阳光、热情的风格，我使用了色调偏暗的背景板，也是为了进一步衬托明亮色系的菜品。木质托盘与海鲜的搭配增加了视觉上的舒适度，小盘红色鱼子酱与装饰过的意大利面包棒的加入，让画面看上去更丰富。使用瓷器餐具会给菜品带来冷清的感觉，所以当时选用了木盘。

Low-temperature slow-cooked veal

低温慢煮小牛肉

p 115

David： 这道美味，用日式餐具装饰，有了不一样的视觉效果。

生活中并不缺少美，而是缺少发现美的眼睛，有时候我们一味去追求人工的美化，往往忽略了大自然赋予了我们很多天然可以利用的东西。我们应该学着睁大双眼，发现生活中那些别人发现不到的美好。贝壳、树枝、树叶、小木棍、珍珠……这些东西有时候会成为装饰菜肴的点睛之笔，既美妙精巧，又富有艺术气息。

多亏了这些大自然的馈赠，它们给予了我们无尽的灵感和创意，但是我们要知道如何巧妙地改造并利用它们。首先可以将这些自然元素运用到餐具上。可以以自然元素为灵感，创造出各种类型的餐具，或现代风或田园风，或简约的或精致的……

不要以为购置了一套价格不菲的餐具就可以高枕无忧地摆桌装菜了。一套装饰繁复的餐具很可能是一把双刃剑，有时会打破现有装饰的平衡。这时候一定要特别注意颜色这一块，对颜色的把握能够帮助我们重新找到平衡。

Beef tartare, apple vinegar caviar, Iranian caviar

鞑靼牛肉、苹果香醋鱼子酱、伊朗鱼子酱   >>>

David： 一套餐具如果已经有了特有的风格，在搭配菜肴的时候就要格外谨慎。比如说，右页这套范思哲品牌的餐具，本身已经非常经典高贵，在放置菜品的时候就要尽量留出空间，好让盘子的花纹图案得以显现。同时其他装饰也应该尽量根据盘子的色彩选用相近色系。

Chiu： 这套餐盘有着精致考究的图纹，更适合造型简单的菜品。形状简单，颜色互搭，选择简朴、可靠的背景色，能更好地利用盘子的美观，并促进餐具与图片的融合。

Seafood soup

海鲜汤

David: 瓷质餐具传入欧洲后，很长一段时间，只要说这套瓷质餐具是中国制造的，就足以代表它的品质了。 那时，"中国的"几乎成了"优质餐具"的代名词。在当今中国，餐具的选择更加广泛，合适的餐具能让菜品大放异彩，让人们以更加优雅的方式享用美食。

Chiu: 这道菜品使用了国宴级的瓷质餐具，雅致的器型给菜肴与画面都增添了品质感。通过高低错落的搭配，让画面拥有了匀称的层次，餐具上的枝叶也在这种层次结构中相映成趣，提升了整体的意境。

Chicken tempura

鸡肉天妇罗

p 120 ~ 121

David: 木质餐具令人联想起大自然，能够增加菜品的质感，起到非常好的装饰效果，这一点已是老生常谈了。尽管现在市场上各种新材质的盘子应有尽有，但很难找到一种材料能够与木盘媲美。木质餐具给人一种复古传统的感觉。如果把现代的快餐，比如炸鸡，配以木质餐具，就会有让人耳目一新的效果。

Chiu: 这道菜使用的木质餐具虽然并不是常见的"中国风"，但依旧能让人感受到浓郁的东方气息，选用这套餐具也是因为它与这道菜的匹配度很高。餐具交错摆放使画面从沉闷中解脱出来，食物的高低错落也使这份套餐看起来多了几分"轻巧"。

Shanghai smoked fish
上海熏鱼

David: 老上海熏鱼是著名的上海菜，这道菜的原有外形不是很有美感，我对颜色搭配进行了调整，运用了石榴红色、浅褐色、黄色、金色还有绿色来做映衬，从深到浅，让色彩更加平衡。餐具选用了经典传统的中式餐具，还用到了几个造型各异的调料蘸碟。

Chiu: 通过玛戈隆特的餐具成组出现，让食物给予人更进一步的触动，餐具的协调排列，呈现了经典的视觉关系和空间感，人们食欲往往也在这种氛围中逐渐提升。

Sichuan spicy chocolate balls
四川麻辣巧克力球

p 124 ~ 125

David: 运用造型各异的餐具能够丰富视觉效果，让人们的注意力不仅仅集中在某一个元素上。图示作品选用几个同样形状但大小不同的盘子，在不对称中又有对称的元素。让创作者们津津乐道的正是他们的作品能带给每个人不同的感觉。

Chiu: 为了调剂方形餐盘的拘谨视觉感受，我将三个盘子相互搭建起来，再用不同的摆放方向让它们产生关联。同时加入圆环状的餐巾环，圆柱体的茶杯和持筷子的手等元素，给图片的最终呈现带来了灵活生动的气氛。

Sweet and sour spare ribs

糖醋排骨

＜＜＜

David： 如何在不做大变动的前提下对一道普通的菜品进行装饰，使其外观更加精致呢？这是很常见的问题。有时候人们的灵感很局限，看不到一些创作的可能性，比如这道糖醋排骨，很多人会直接联想到之前见过的一些造型，会觉得那种常见的呈现形式就是最好的。这时候最有效的方法就是首先改变餐具的选择，这套餐具让菜品很快拥有了更立体和精致的呈现效果。

Chiu： 在餐具成组出现的案例中，如果想让画面更有生机或个性，只需简单地添加一些有自然气息的元素进行搭配即可，如枝、叶的合理运用，就能让一切变得更有吸引力。

Whisky chocolate

威士忌巧克力

p 128 ~ 129

David： 这道菜品的特点在于它复古风格的餐具，细节处的对称和整体上的不对称设计。颜色上从深色到浅色，从冷色到暖色的变化极具平衡感，不同材质的食材恰当地运用也使得菜品别具一格。

Chiu： 在需要体现精美的时候，光泽与质感永远是值得思考和尝试的关键点。图中餐盘出色的品质感让画面有了可靠的视觉中心，同时拍出玻璃容器的剔透效果也可以为图片增色不少。

The west lake

西湖

David: 一般中式菜肴的装饰元素较为精简，更注重颜色的搭配，常用浅色系如白色、米色来搭配黑色、红色、褐色和棕色。这时候要注意各种元素的摆放秩序，不破坏这种简约的风格。只要整体造型和谐流畅，并不需要繁复的元素来表达创作的主旨，不是吗？

一般来说，在亚洲，人们更喜欢用平盘，尤其是木质的，自然元素在这里是必不可少的。在亚洲菜品装饰中经常能见到这些东方元素：水、土地、火，不一定是直接运用这些元素装点菜品，更多的是用餐具自有的印花或者图案来进行。这些装饰也会有非常好的视觉平衡效果。

Tuna tataki, green asparagus, salad

轻烤金枪鱼、绿芦笋、沙拉

p 132 ~ 133

David: 这道菜品通过瓷质餐具的美丽充分展现出来：洁净无瑕的表面衬得釉的色彩更加鲜艳；精致的花纹和图案令人赞叹；釉上装饰极具美感，画着令人浮想联翩的场景；瓷器的微微透明使得白色的表面更富有光泽……菜品的造型与餐具的图案融为一体。

Chiu: 主厨依旧使用了 G20 峰会中用到的玛戈隆特品牌的山水画餐盘，并融入了他个人的理解，让摆盘设计在画的意境中显得别具巧思，在不同风格之中达到了微妙的和谐，食物似乎成了山水画在另一种透视关系上的延伸。油醋汁的水墨感也是其中的一个亮点。我选用了与餐具相近的背景，使食材的美感得到了重点体现。

可以通过改变菜肴的质地，如变成粉状、颗粒状、酥脆形、奶油状或是酱汁类型等，来增强食材的表现力，达到最佳展现效果。要追求在专业上和技术上的精益求精，让食客对我们放心。

极简主义

"少即是多"（Less is more）这句话引自伟大的建筑师路德维希·密斯·凡德罗，指的是某事物的表现力，并不需要通过太多花哨的装饰来增强，这样反倒会破坏它的自然面貌，这就是所谓的极简主义风格。

如果把这句话运用到美食领域，不妨去试着做几道原料较少，结构简单，但同时优雅、精致又简约的菜肴。这种源自 20 世纪初中欧地区建筑学上的理念在今天仍然适用于许多领域，并在世界各地广泛传播，影响了各个领域，当然，也包括美食界。

雕刻艺术

你见过蔬菜雕花吗？第一次看到蔬菜雕花艺术的人大都会感到非常震撼。雕刻食物的艺术由来已久，在当今仍然非常盛行。这种巧夺天工的艺术形式不仅需要精湛的技术，还需要日复一日的练习。随着雕刻艺术的不断发展，渐渐出现了许多雕刻形式和雕刻风格，不过最重要的是每种形式都有雕刻师自己的独特风格。

Foie gras mousse, smoked cinnamon orange

鹅肝慕斯、烟熏肉桂香橙   >>>

Chiu: 树木切割的盛器与秋冬季节代表性的落叶，这些和菜品同色系的餐具与装饰让构图具有更好的整体性，同时在质地上与鹅肝形成鲜明对比，借此进一步凸显了鹅肝的温热、细腻和丰腴。

Kyoto garden
京都花园

>>>

David: 这道菜的设计像个日式花园，如果你想把多个元素聚在一起又要协调平衡的效果，这种设计不失为一个很好的选择。

Chiu: 这道菜品的特点是整体均衡，含蓄中又蕴含生机，在拍摄时，我选择加入了几片铜钱草，就是在保持平衡的基础上，进行适当的打破，消解了原本可能会存在的拘谨感，带来自然和舒适的感觉，让画面更加生动。

Cod fish, cuttlefish rice &basil olive oil
香煎鳕鱼、墨汁烩饭佐罗勒橄榄油

p 138

David: 如果你想走极简主义风格，一定要切记该风格的要领就是"少即是多"。也就是说，整个菜品的装饰元素要少，留白部分要多。

Chiu: 盘子的色彩带有水墨晕染般的渐变，使观者的视线逐渐聚拢到盘子中央的菜品上，我在餐盘底部增加了一个有镂空纹路的白色瓷盘，通过外盘边缘的阴影效果给画面带来了另一种方式的渐变与层次。我又选择了单一颜色但结构独特的珊瑚作为饰物加入到图中，让餐具和食物看上去更加和谐。

Stewed noodles with mediterranean red lobster
地中海红龙虾烩面

p 139

David: 这道菜，里面除了龙虾外，还配有面条及一些简单的配菜，摆盘装点方面并不是很考究，更突出菜品本身的质地。之前有些人问我，如何能把这道菜装点得更加精致，其实答案很简单，只要稍加注意主菜品龙虾的摆放，切割干净利落，其他各元素也摆放整齐有序即可。

Chiu: 拍摄时，我加入了淋汤汁的动作，这个动作的出现使图片的观感更加立体，流动的汤汁与原本整齐有序的摆盘在视觉效果上形成了互补。

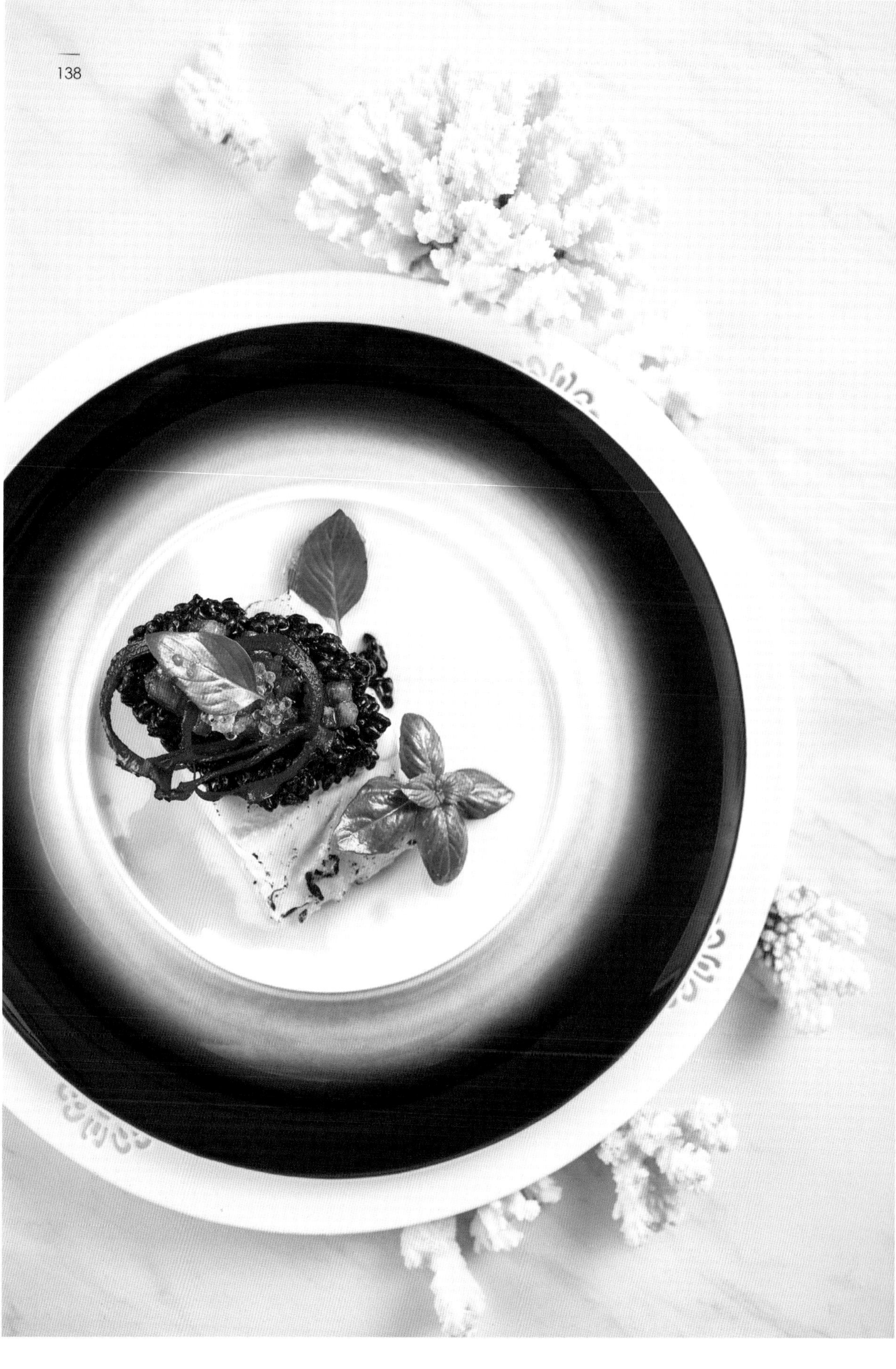

Purple macaroon and apple
spheroidization

紫色马卡龙和苹果球化

Fruit and smoked salmon sala

水果和烟熏三文鱼沙拉

Iberia pork tenderloin steak with vanilla sauce

香煎伊比利亚猪里脊佐香草酱汁

>>>

David: 干净，是非常重要的。不只是说菜肴要干净卫生，菜品的外观也要给人干净清新的感觉。比如说在盘子的边缘位置，在放入酱汁或者放主菜品的时候有时会弄脏盘子的边缘，如果不是故意弄出这种效果，我建议要用干净的帕子或者湿纸巾擦干净，不然容易显脏。除非是故意要把一些装饰元素放在盘子边缘，否则一定要保持边缘的干净。食材的处理也一定要干净。这样整幅画面看上去都更简约、利落。

Chocolate potted plant

巧克力盆栽

p 144 ~ 145

David: 这道菜的意境是一个花园，我改变了巧克力蛋糕的质地，做成了泥土颗粒状，如花园中的土壤一般，营造出一种花园的场景。

Argentine beef tenderloin, braised asparagus,
caramel caviar with red wine sauce

阿根廷牛里脊、蒸芦笋、焦糖鱼子酱佐红酒酱汁

用天然形成的物质来装点菜肴是使整体造型舒适的最佳方式，可以摆脱人为的束缚感。建议大家使用一些自然材料进行装饰，比如木材、树枝、植物纤维、贝壳、干树叶等。唯一需要做的就是找到那些最适合自己特点或想法的元素。

花卉是最常见的食物装饰素材，能掌握花的用法，就能大幅为菜品加分。西餐中常见的摆盘花卉有金莲花、琉璃苣、三色堇等。

金莲花常在沙拉中用到，有一点芥末味，叶片形似迷你荷叶，吃起来也清新爽口。

琉璃苣是一种梦幻的淡蓝色小花，是不少大厨偏爱的盘饰用花，有牡蛎的味道，它的叶片也常被用在沙拉中，有黄瓜的味道。

三色堇是常见的野花，每朵花通常有紫、白、黄三种颜色，也有单色的品种。

很多花卉都能用于食物造型，在探索更多可能性的过程中，日式的花道艺术时常能带给大家新的启发，希望各位读者能更多地了解花道，并从中汲取灵感。

花道是一种古老的艺术，源于对自然的尊重，深植于日本文化中，像许多其他形式的日本艺术，如书法、茶道和俳句一样，花道是一门基于与自然沟通的学科——一种行为或哲学。

它是花朵装饰图案的组合，但也有树枝、树叶、果实和种子。除了美学目的之外，它还被用来作为一种冥想的方法，因为它与季节的流动和生命周期的循环有关。

结合花道的练习，在摆盘中善于使用花、果实、树枝等自然资源和其他配件，就能呈现极佳的视觉构图。

对于初学者来说，最值得推荐的基本准则是：选择新鲜的元素。比如根据花店的供应情况，选择应季的鲜花来点缀菜品。

Red velvet cake

红丝绒蛋糕

Janpanese scallops with sour lemon juice,
Okinawa sea grape, caviar

日本带子配酸柠汁、冲绳海葡萄、鱼子酱

>>>

David： 干冰的使用有时候能起到意想不到的作用。在这张图片中，菜品的造型和缭绕的烟雾相得益彰，非常漂亮。用一个大贝壳来做盘子，显得新颖独特。贝壳的形状和这道菜的造型相契合，同时又让食客很有尝试的冲动。自然元素的运用使得这道菜更加生气勃勃、可爱动人。

Chiu： 干冰产生的雾气，在弥漫和层层推动中会给一道菜品带来微妙的氛围。为了最大化这种特殊效果，让雾气的滚动更富有层次，我在盘子下方的置物架上盛放了更多干冰，让干冰的雾气更加动态有趣。

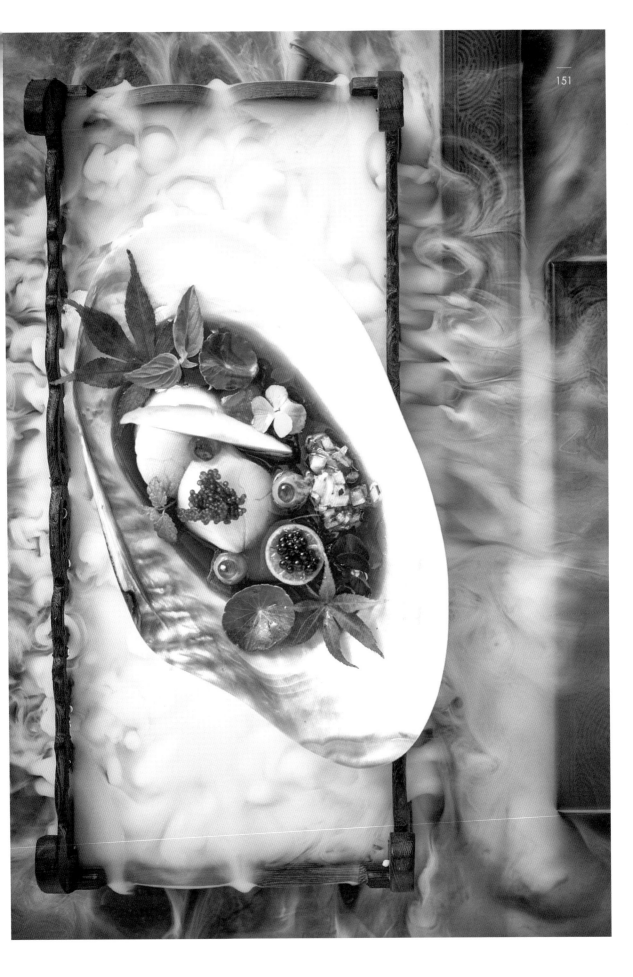

Okinawa sea grape, caviar, seafood jelly soup

冲绳海葡萄、鱼子酱、海鲜果冻汤

 >>>

Chiu：看到这道菜让我感受到朴素又安静的美感，于是在这个基础上，我希望在整体上进行一致性的布置。选用了深邃又具有自然泥土气息的深棕色背景，加以点缀简单的日式庭院风鹅卵石，念珠的意向则与禅意的概念相契合，使画面整体具有内在的和谐之美。

Fried jade fish, roast okra, coconut crystal jelly

香煎玉兔鱼、烤秋葵、椰子水晶冻 p 154

Chiu：这道菜选用的范思哲品牌的餐盘，与食物本身的颜色搭配和谐。白色的纯美与金色镶边的精致，形成了严谨而优雅的基调。黄色的花朵与绿色蔬菜的搭配让造型拥有了自然和新鲜的美感，使这道菜的观赏体验获得极大提升，绿色香料和酱汁的存在也增加了味觉上的吸引力。

Vegetable and pasta salad

蔬菜和意大利面沙拉 p 155

David：用食物模拟自然形态给视觉很好的享受。

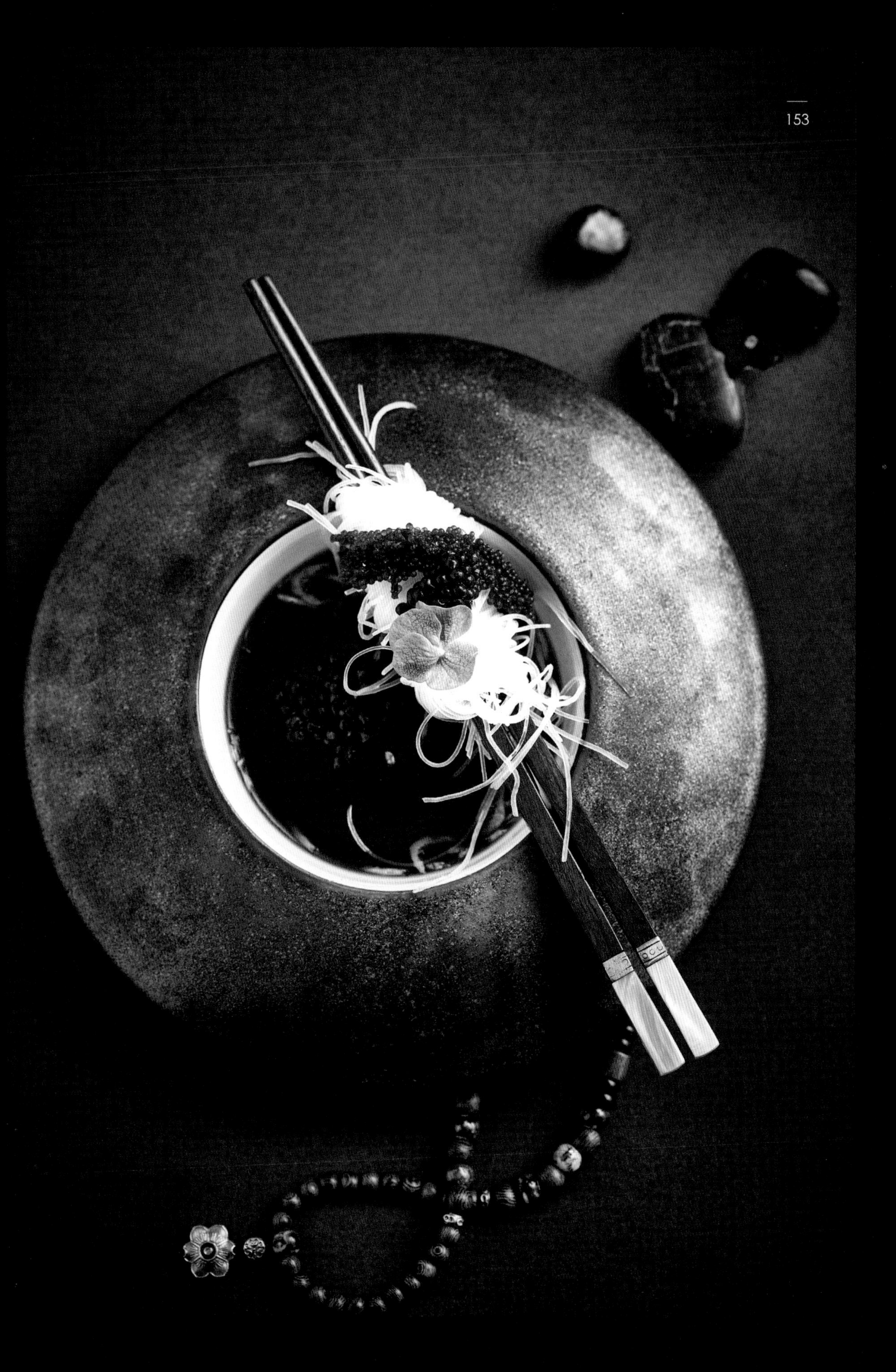

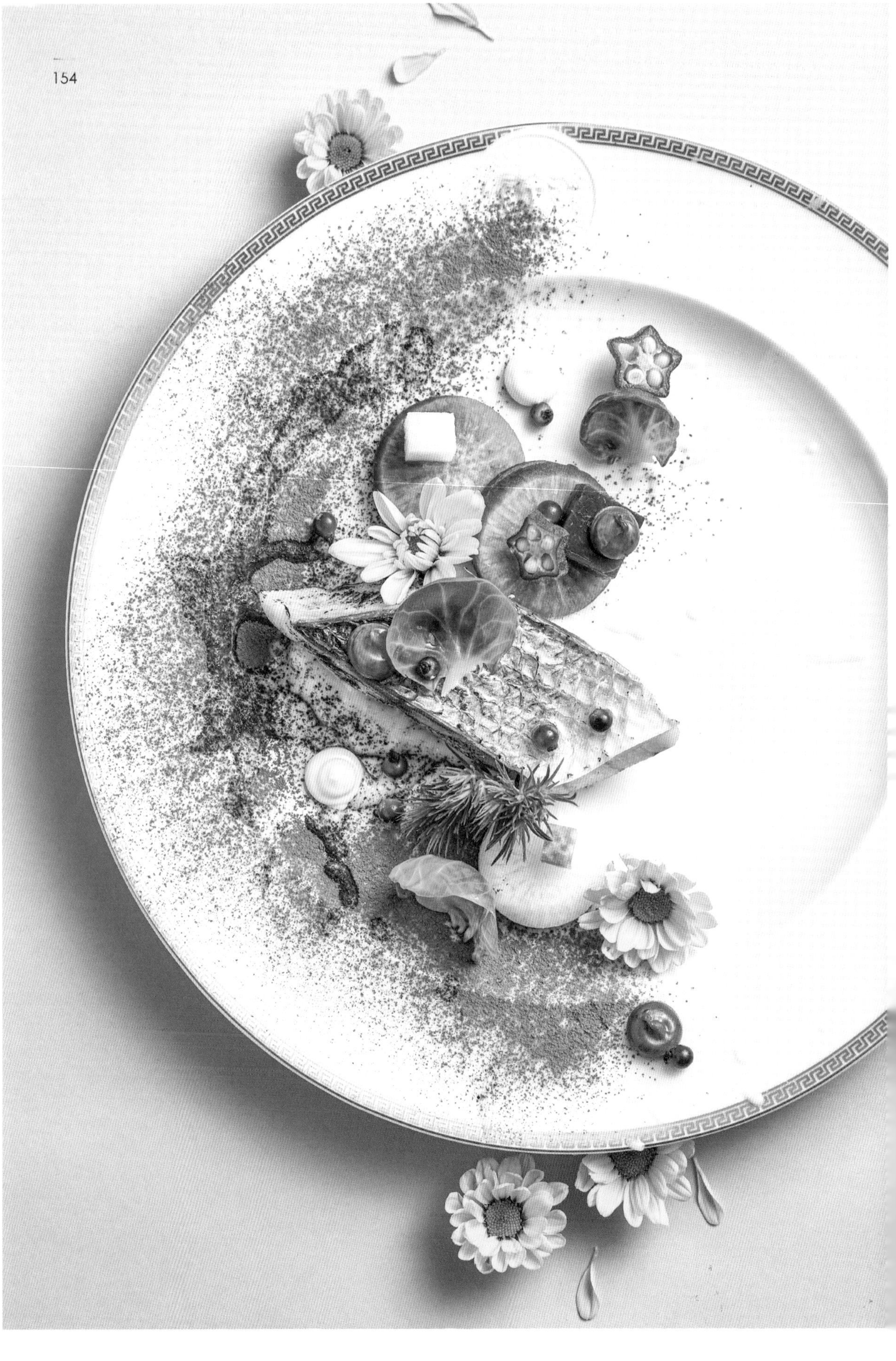

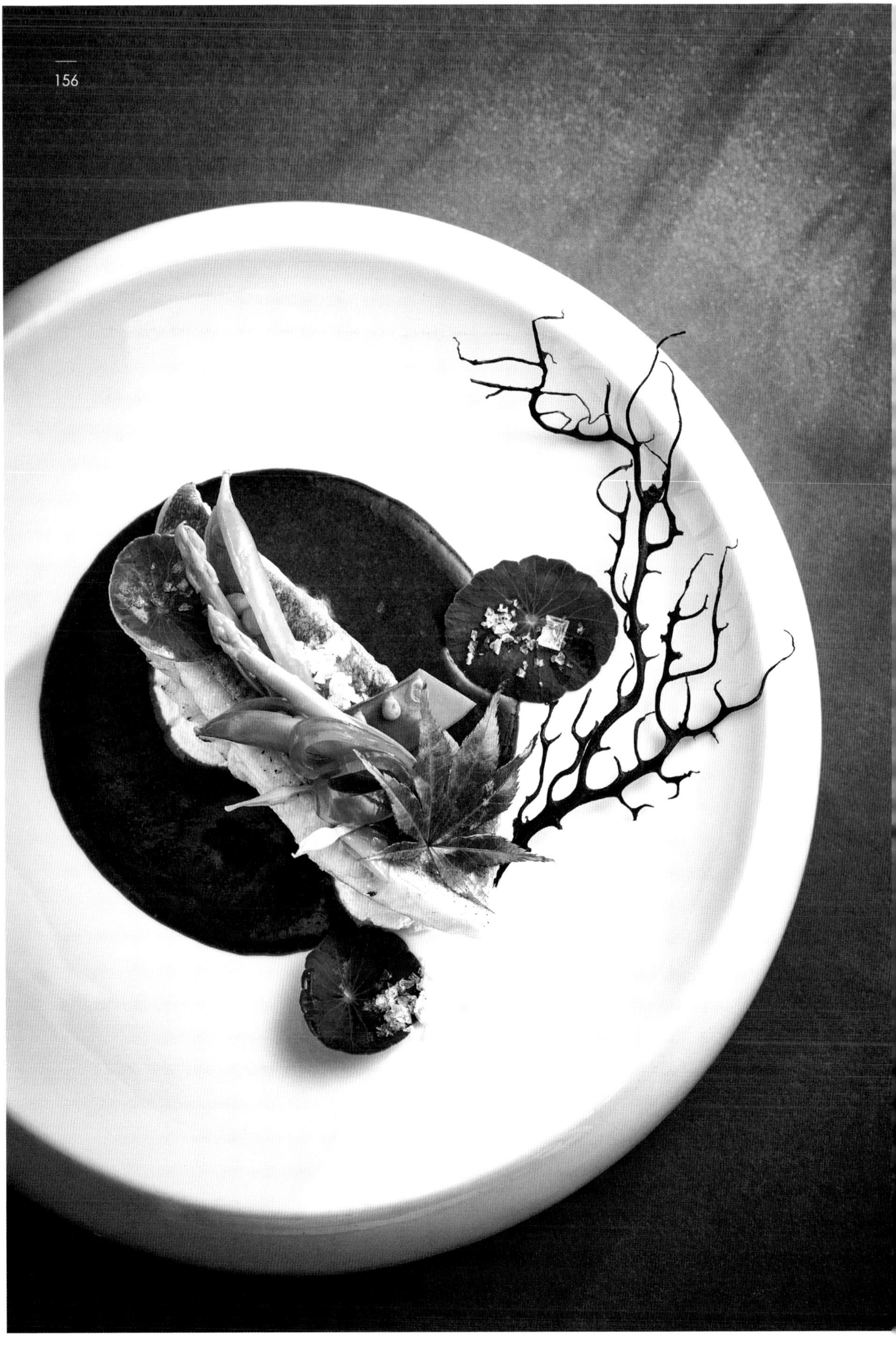

扫码看视频

Red snapper, spinach sauce, asparagus yogurt

红鲷鱼、菠菜酱汁、芦笋酸奶

<<<

David: 如果你足够了解你所装点的菜肴，那么你的工作就会容易许多。

Chiu: 在简洁的白色规则圆盘上，让绿色酱汁以完整的圆形呈现来作为底部衬托，这样菜品的效果会令人感到蕴含生机。除了绿色元素的装饰外，还加入了枫叶与"树枝"，让画面在增加对比性的同时又紧扣主题，也避免了可能出现的重复感。背景使用了东方风格的砖红色，并投下一些模拟的树枝影子，与菜品的设计思路进行呼应。

Cod fish, jelly beetroot, okinawa sea grape

鳕鱼、甜菜果冻、冲绳海葡萄

>>>

David：花道的追求不仅仅是造型的美观，这种表现形式更是为了传达出一种精神和情感。花道给我的启发之一就是关注自然中的勃勃生机，找到最能唤起共鸣的元素。在这道菜中，盘子上树枝的形态让我想到了植物的生命力，于是我在这个树枝图案的基础上进行了延伸，让盘子中的食物造型也通过红色果冻形状、花朵等元素表现生命活力的主题。

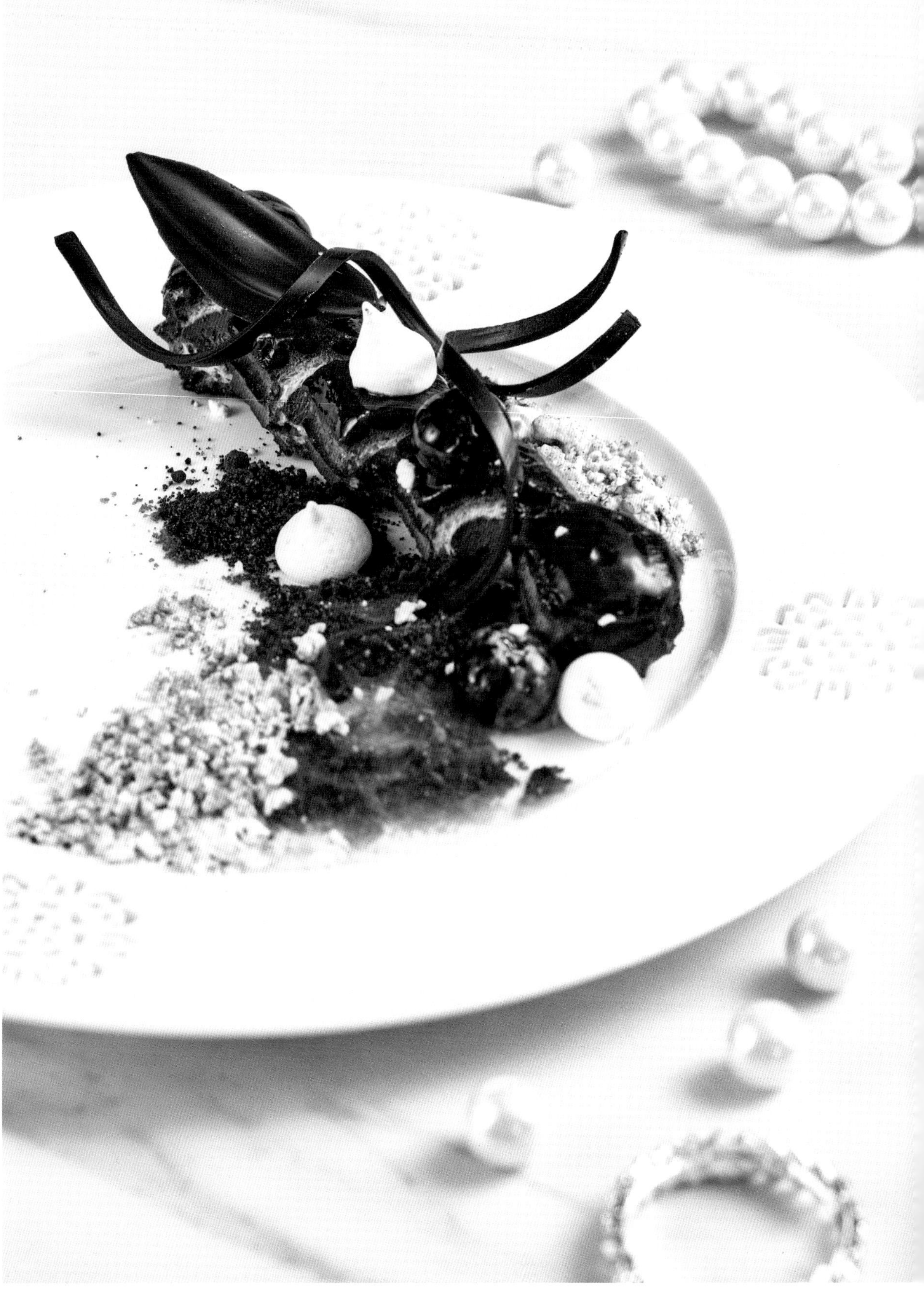

Molecular chocolate lightning puff

分子巧克力闪电泡芙

<<<

David: 菜肴装点就是将作品中的不同元素归纳整合。所以第一步就是要将菜品中所有能看到的元素进行整理，设计出大致形状。第二步是一种不可见的整理，一种"隐藏着的秩序"，要考虑各种要素的相互关系：空间是填满还是留白，颜色、材质、光影、体积……尽管有时候我们不能直接看到它们之间的关系，但是所有这些要素的搭配都是根据线形结构、几何形状或是数学原理这些规律来设计的。对于这道甜点的设计，我使用一些饼干碎来模拟土壤，并且用顶部的巧克力装饰来模拟枝条与叶片，是使用食品来体现花道技法的一次创作。

Chiu: 白色给人简洁干净的视觉感受，此处选用具有工艺美感的餐盘，以及珍珠、银器和白色大理石的背景，在淡雅美观的风格中映衬了巧克力甜点的高级感，同时与盘中用饼干碎代表自然元素的装饰风格形成了对比，让食物成为画面的主角。

Charcoal grilled Argentine beef tenderlion
with fresh mushroom sauce

炭烤阿根廷牛里脊佐新鲜菌菇酱

>>>

David: 在一些经典菜肴中，可以通过装饰使其更加美观高雅。这是一道西式烤牛里脊，以亚洲厨师常用方式进行了切割。认真观察就会发现，这道菜无论从颜色上还是形态上都非常注重协调性。在设计过程中，我使用了花道的思考方法，让菜品能体现出自然与平衡的感觉。颜色上暖色和深色平衡，形态上也是中心对称的。餐具上沿用了中式瓷器，以及同样来自中国的木质器具。

Chiu: 这道菜的摆盘中本身就具有结构和层次上的特点，但仅以这个构图进行拍摄，画面整体又会显得有些平，于是我在后面放置了较高的陶罐，并配合少许的烟雾，画面中的内容饱满度得到了恰当的提升，同时也营造了完美的东方意境。

扫码看视频

第三篇
食物的艺术

-

Part III The art of food

Grilled squid, crispy vegetable chips, purple potatoes

烤鱿鱼、时蔬脆片、紫薯

David: 这道菜运用了灰色、绿色、黄色、石榴红色和紫色，与餐具的色彩相协调，给人简约大气的感觉。

Mediterranean creamed soup with lobster

地中海红龙虾奶油浓汤

p 168

David: 勤加练习，熟能生巧。

Chiu: 菜品的造型有些形似日本传统的铠甲头盔，为此我选择了东方风格的餐垫。由于菜品本身的装饰部分有较高的空间延伸，因此我选择近景拍摄，充分展现了菜品本身的结构特点。

Iberian pork sausages, crispy tapioca pearl , quail eggs

伊比利亚猪肉香肠、西米脆片、鹌鹑蛋

p 169

David: 在这里，你可以看到从蓝色到橙色到紫罗兰色到红色等颜色的组合示例。

Fried fish & crispy potato chips

炸鱼排、土豆脆片

p 170 ~ 171

David: 不同于传统的做法，我在这道菜中将土豆脆片打碎，代替一部分面粉，裹在鱼肉的外层进行炸制。让本来被大家熟知的菜品也能带来新鲜的感觉。

Mediterranean roasted octopus
with purple potato sauce & coconut milk sauce

地中海烤章鱼、紫薯椰奶双色酱

<<<

David: 一定要让酱汁还有菜品充满光泽感，所以要掌握好火候，有时候蔬菜烹饪时间过长就会失去原有的色彩。另外，合适的用具也能帮助菜品呈现最佳的色彩和光泽感。当颜色、质感都相协调的时候，就能传递出一种平静的感觉……

Deep-sea oil painting

深海油画

p 174 ~ 175

David: 这道菜的搭配是一个大胆的尝试，亮色的运用，不和谐元素的使用，食物颜色的创新，都冲击着人们的视觉。这种艺术创作比较少见，对其看法也是仁者见仁，智者见智。

Chiu: 看到这道菜时大家都惊讶于主厨创造性的构思，对应菜品中蓝绿色的章鱼，我选用了橙红色的饮料，同时用蓝色和黄色的元素来装饰摆盘。在撞色系的配合中，让菜品的艺术感有了不错的表达效果。

Steamed sea snail
清蒸花螺

David： 这道上海风味的小花螺，味道虽鲜美，但外观需要稍加修饰。我用了非常典雅的金色餐具，与绿色的酱汁相互映衬，还添加了初榨橄榄油，使得菜肴更加晶莹透亮，惹人喜爱。

Chiu： 这道菜使用了有较为密集纹饰的餐具来盛放花螺，所以主厨摒弃了烦琐的摆盘样式，再用一条清新的罗勒酱汁也为画面增添了表现力。

Trepang jelly soup
海参果冻汤
p 178

David： 留心观察这道菜就会发现，菜品中既有一些相似色彩又有一些对比色彩，所以我在装饰的时候选用了偏冷的色调。整体造型是不对称结构，我还想办法在视觉上增大了菜肴的体量感，以突出菜品的主体。在海参周围，我装饰了椰果珍珠和鱼子酱，餐具也是选用了经典中式餐具。

Chiu： 让远处的餐桌元素在虚化中进入视野，能够使图像的内容更加丰富。在主体清晰且简单的构图中，这种方法更容易形成用餐的氛围。

Lotus
桂花莲藕
p 179

David： 这道菜是一个简单的利用了切割对称、颜色平衡和少即是多原理的示例。另外，漂亮精致的餐具也加分不少。

Chiu： 在拍摄中我重新设计了摆盘结构，勺中桂花糖浆的单独摆放让菜品的味觉信息能够在画面中有更多的传达，茶既是传统的搭配，又带来了高度的对比。色彩上使用了红、紫两种与菜品特征协调的颜色进行了装点。

Swordfish roasted
cauliflower and truffles

剑鱼烤菜花和松露

Spanish seafood rice&royal crab

西班牙海鲜饭、帝王蟹

<<<

David: 海鲜饭是我的祖国西班牙的特色菜，本身已经是一道美味佳肴，如果最后再加上一只蟹嵌入到饭中，会呈现出更令人惊叹的造型，极具美感。

Chiu: 主厨的西班牙海鲜饭原本已拥有生动的造型，给人热情、丰富的感觉。因此我使用偏正构图，与上部的青柠和右侧的刀叉一起，让画面拥有了重心更稳定的结构。海鲜饭中的青柠与西芹碎增添了清新的感觉，也在色彩上增添了一些平衡。

Fried Janpanese scallops
with roast pumpkin, lemongrass sauce

香煎日本带子配烤南瓜佐柠檬香茅酱汁

Chiu: 菜品的立体摆盘展现出静态的美感，再配合餐叉、水晶杯与马蹄莲，使餐盘的外部空间延展出动态的效果，整个画面看上去动静结合，更加生动。

Lamb chops, grilled vegetables, black rice

羊排烤蔬菜、黑米饭

David: 这是一道非常经典的西餐菜品，放在中式餐具中，变得更加精美而优雅。

Cream potatoes soup

奶油土豆浓汤

Chiu: 这道菜的呈现较为内敛，选用粗糙的桌面来更好地衬托出菜品表层细腻的质感。在构图上我设置了圆心与切线的汇集、铜钱草之间平行摆放，使画面更为舒适。同时，安静的氛围也通过撒粉和枝条的加入有了生机。背景中散落的调味料，暗示着这道浓汤的部分味道。

Green asparagus soup and shrimp wonton

绿芦笋汤和虾馄饨

David: 红色和绿色虽极度对比，但保持了食材的柔软度和画面的平衡感。

Iberia hams & double-coloured bread

伊比利亚火腿、双色面包

<<<

David: 面包和火腿可以用不同的形态组合成全新的菜式。在这道菜中，我让面包以红、黑色面包屑的形式出现，就能取得焕然一新的效果，整个菜品也显得新颖又独特起来。

Green tea & rice pudding

抹茶香米奶布丁

p 190 ~ 191

David: 在厨房中就是要不停地尝试再不断地否定。

Chiu: 这道菜的构图方式依然是偏正构图，使菜品本身更突出，更富有吸引力。水果是这道菜的主要装饰，我又加入了的绿色抹茶粉，使画面看起来更自然清新。左侧肉桂和蛋白糖的点缀，也让图片的视觉效果更加饱满。

Iberia pork sausage, roast potatoes, flowing eggs

伊比利亚猪肉香肠、烤土豆、流心蛋

>>>

David: 这是一道典型的西班牙菜，土豆煎蛋和香肠，却装在日式石锅中，我没有按"规矩"办事，但在视觉上更有冲击力。

Chiu: 食物中橘红色、黄色、白色，与秋季的主色调相近，土陶材质的碗与枯枝的加入让图像离自然的感觉更近，在黄色食物脆片的影响下，图中各元素间协调地连接在了一起。用辣椒粉撒在脆片中心形成的装饰效果也让画面的色彩更加鲜明。

Spring of the four seasons

四季之春

p 194 ~ 195

David: 在菜品装点中我经常会用到圆球形组合来进行创作，想要切出不同尺寸大小的圆形，可以用专业的剪切器，非常便于操作。在艺术创作中，没有固定的要求，可以完全自由发挥。

Chiu: 将甜品直接放在了桌面上，没有了餐具的限制，可以在更大的区域进行构图尝试。圆形、弧线与珍珠形状的元素让图片像拥有了良好的重心与节奏，花朵的加入则使得整体更为连贯和自然。

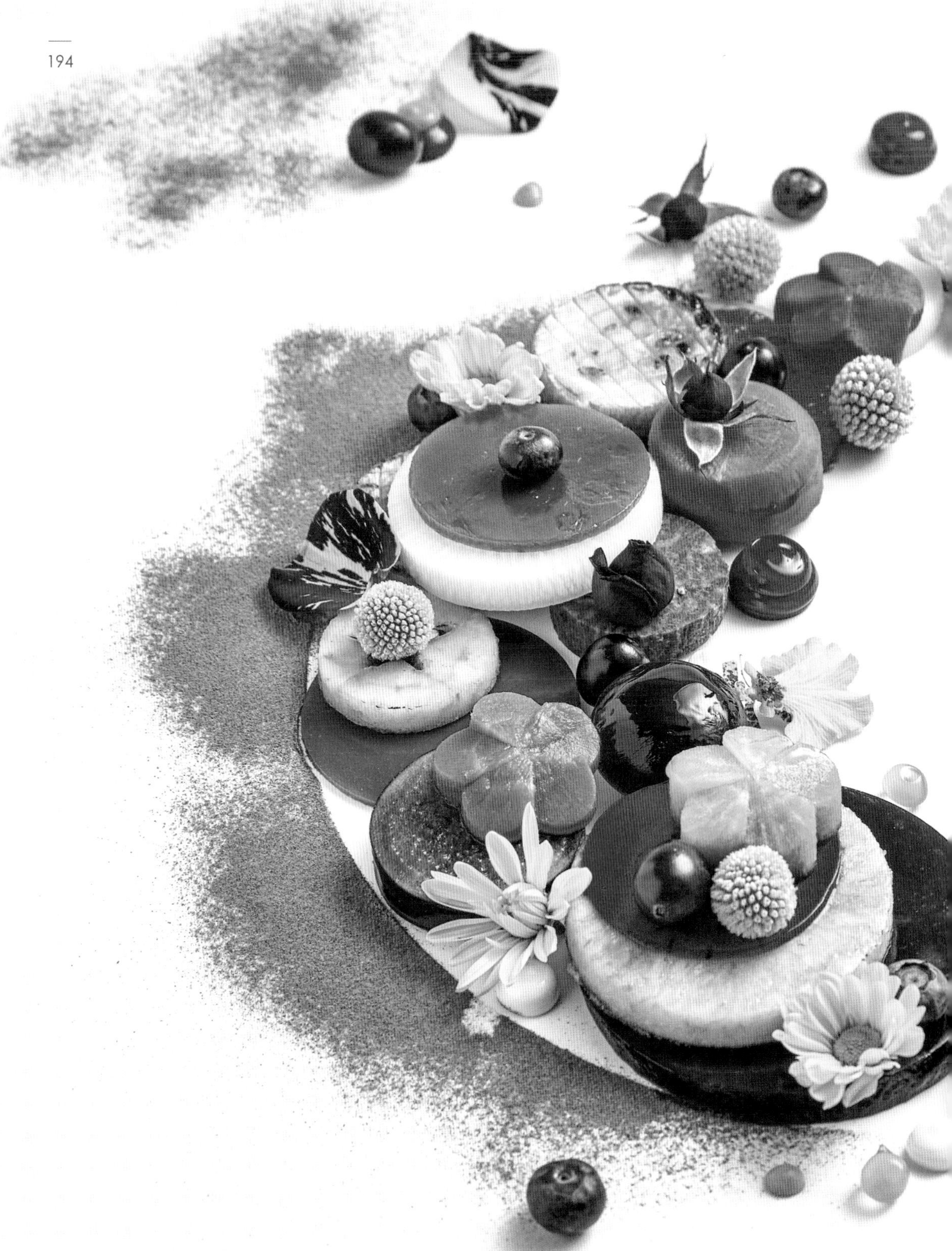

扫码看视频

Passion

热情

画画的时候，人们都希望能尽情发挥自己的创造力，挥洒画笔。我小时候很
喜欢画画，没有限制，没有框架，随心而画，有时候常常画到画纸外面也毫
不介意。绘画放飞了我的想象力，给我的创造力打开了一扇门。当人们画画
的时候，通常都会有一些限定尺寸，但是有一种艺术创作形式可以完全不受限，
那就是飞溅效果。飞溅效果是一种最简单也最具表现力的抽象艺术，只要有

画布，有足够安全的空间，就可以尽情地放飞我们的想象力。不用给创作圈定一个界限，所以创作的区域一定要足够大，旁边的杂物一定要少，因为在制作飞溅效果时，周边的东西也可能不小心被酱汁溅到，后续拿取使用的时候就需要再整理干净，会很麻烦。我非常推荐大家尝试这种创作手法，让你隐藏在心底的艺术潜力得到最好的释放。

扫码看视频

Chocolate garden

巧克力花园

不要着急，要给予你的艺术创作充分的时间，去尝试，再否认，再次尝试。

在对一个本身不对称的主体进行装饰的时候，如果能增加一些对称的元素，最后造型的平衡感就会更好。大家对食材进行的创作，不仅仅是为了呈现出博人眼球的外观，更是要传达一种思想，表达一种感情。所以说，创作的过程不仅仅是对食材的重新排列组合，更是一种私人化的艺术。

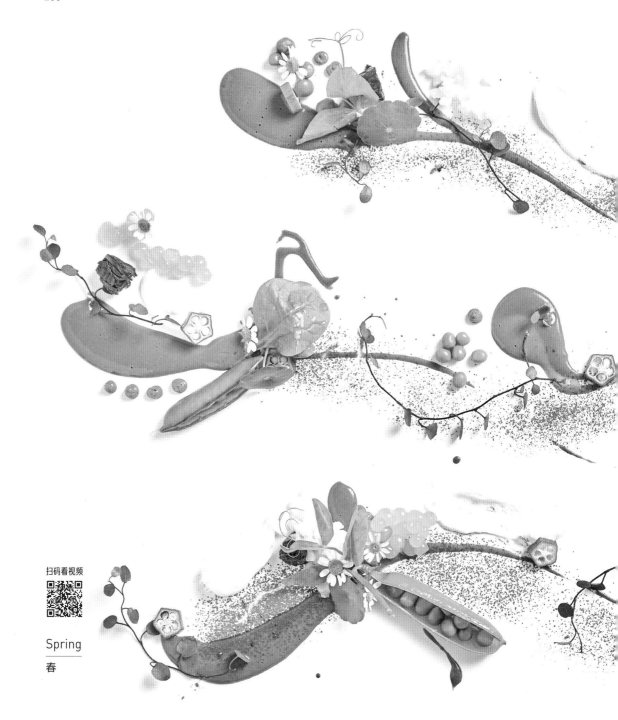

扫码看视频

Spring
春

在这道菜中，几种冷绿色调的搭配，传递出一种纯净无瑕、安宁平和之感。当背景是白色，又没有使用餐具，就可以直接根据主菜品的颜色进行装饰，然后再使用一些相同色调的不同材质的元素，使作品的内容更加丰满。

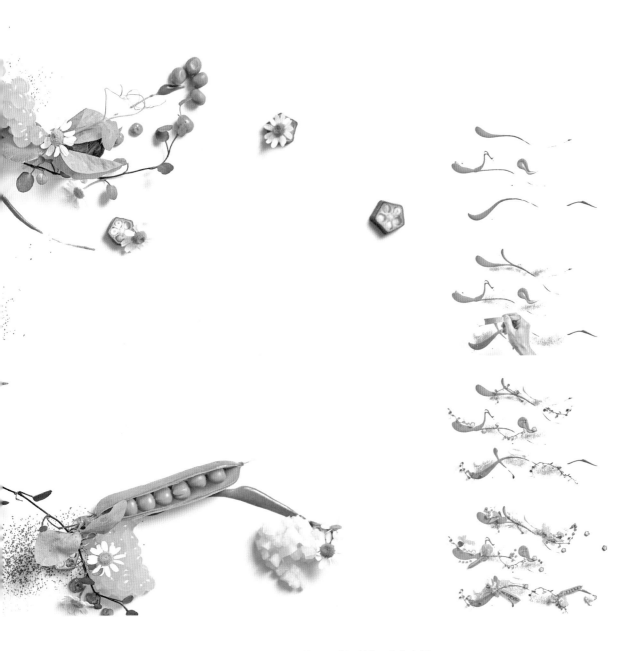

在这个例子中，这三条平行线就是我的参照。在此基础上进行创作，就能在挥
洒灵感的同时避免丢失作品的整体性。

My garden

我的花园

这道菜用到了不对称的造型设计，这样就能更好地利用创作空间。这一作品的创作就像在画画，综合运用了圆点效果、飞溅效果、泪滴效果和浮雕效果，把对角线当创作主轴，然后沿着这条主轴，运用不同的盘饰技巧组合进行填充，填充的过程可以感性一些，更重要的是在开始前做好准备工作，想好自己可以用哪些技法，厘清思路。

扫码看视频

Comet flower

彗星的花

要想创造出优秀的装饰作品，视觉的韵律感也是一个应该了解的概念，可以把它理解为一种由相似或者是不同元素的重复而产生的一种节奏感。上图就是一个非常简单的例子，圆形元素的重复产生了一种韵律感。

Memory of the festival

节日的记忆

不对称的艺术手法一直被许多艺术家所追捧，他们富有创造力的头脑和开放的
思维使得他们并不以追求完美为目标。不要拘泥于某一种秩序或是方法……

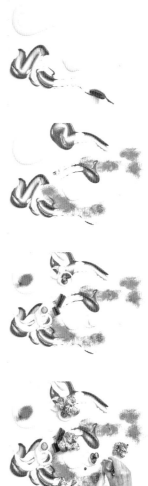

抽象艺术脱离现实吗？对于这个问题，仁者见仁，智者见智。但是抽象艺术有时候是完全脱离现实，有时候是稍微远离现实，有时候是部分抽象，部分具体。举个例子来说，在一个艺术作品中如果它的线条和色彩相互混合模糊，可以称它为部分抽象的艺术作品。而一个完全抽象的艺术作品是看不出任何形式的线条的，也分辨不出任何具象的东西，颜色也都混合了起来。

扫码看视频

Vitality

活力

在创作时，你内心有一个明确的目标，可以一步步进行装饰，直到实现预想的
目标。但是，如果这些步骤进行完，却并未达到预想的效果呢？事实上，你的
灵活性以及你在创作过程中是否能不断调整思路，在很大程度上会决定你原有
计划的实施和目标的实现。举个例子，对于某些抽象作品来说，你想精确地预
计酱汁飞溅后的效果是完全不可能的，但是你可以借助其他的元素和技巧向你

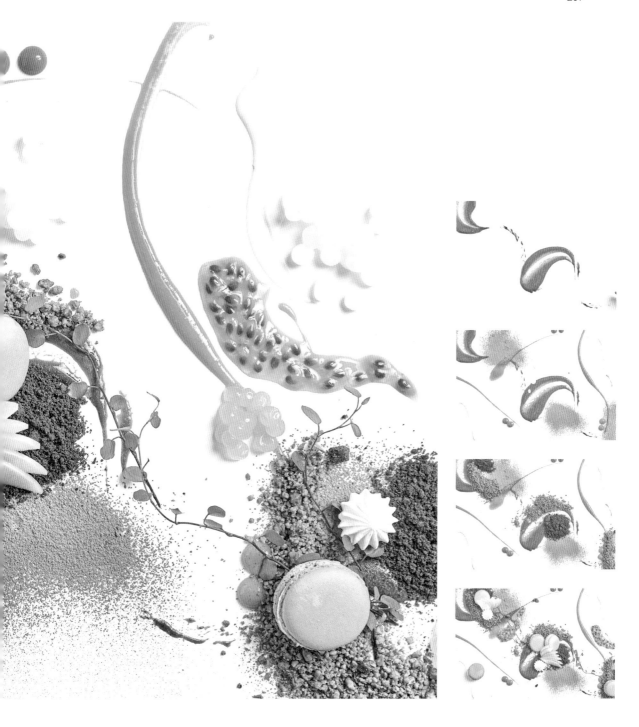

的目标效果靠拢。可以借助其他东西在细节上加以修饰，比如一些水果切片。
上图使用了巧克力蛋糕屑、无花果碎和抹茶粉。

后记一

我和 David 非常感谢大家一直以来对我们的支持和帮助，我们都在不断创造和呈现出食物的最美一面。

这并不是一本单纯讲述食物造型技术的书籍，我们希望通过创作经验和案例分享，让美食从业者及爱好者可以从中了解到更多名厨的美学思维及理念，获得灵感并运用到自己的作品中。

食物造型，这个曾经仅存在于商业食品广告中的词语，随着国人对食物美学的不断追求，必然会成为大家所需要了解的知识，并体现在人们的日常生活中。

我从业十余年来，深深地知道让食物变得更美的重要性。我热爱这些能带来美好滋味的佳肴，如果在味道之外，将器皿、桌面、环境融合成一张艺术作品，那么我们享用美食就是在用舌尖体验艺术。

我和 David 希望通过这本书让大家了解到更多的生活美学理念，美学可以融入生活中的方方面面。美味的食物，不应该仅仅停留在它的味觉上，让食物像艺术品一样呈现在你心爱之人的面前，和爱人一起享受视觉和味觉带来的满足，一切都是值得的。也愿大家的生活就像书中的饕餮美食一样多姿多彩。

最后，再次感谢在整本书的筹备过程中，与我共同完成创作的同人与朋友们。也非常感谢玛戈隆特、瓷膳 Csaszar、西诺迪斯等十多个品牌对我们这次创作提供的餐具支持，你们精致的餐具让每道食物都得到了更出众地呈现。

邱子峰

Chiu 的团队成员

创意摄影：邱子峰
文字统筹：何哲夫
统　　筹：巢梦娜
后期修图：谢斌
摄影助理：严子健　彭燕子

后记二

能有幸创作一本书是一件多么美妙、多么特别的事情，不敢相信我即将要出版我的第二本书了，我感到无比的激动和荣幸。因此，在这里我要特别鸣谢为这本书默默付出的许多人。他们之中有和我在厨房朝夕相处的同事，有录像和摄影团队，还有其他许多工作人员。我不知道该对他们说些什么，似乎语言已不能表达出我的感激，下面我将他们一一提名，向为这本书所有辛勤付出的人致敬。

我非常有幸拥有一支优秀的团队，拥有着一群每天和我一起奋斗的伙伴们。在这里我想特别感谢卡洛斯·奥迪斯（Carlos Ortiz）先生，他给予了我许多建设性的意见和建议，与他的几次长谈中，我受益颇多。Andy（王献国）和 James（张骏），她们向我诠释了什么是耐心和坚持，在过去的一段时间里，我们经常工作到很晚，总是非常的忙碌和紧张。终于，我们的耕耘在今天得以收获，我们的目标即将要实现了。Lilian（谈独清）是一个非常富有同理心的人，而且她对我提出了很多建设性的意见，在她的帮助下，我不仅在专业上有所进步，在为人处世方面也受益匪浅。Candice（董海雁），我不能想象如果工作中没有了她会怎么样。她负责处理出版的各种棘手问题，组织召开会议以及其他各种大情小事。她的工作态度令我敬佩不已，我在中国顺利发展真是多亏了有她。Alicia（宋芷若）是这本书的译者，她的付出却不仅限于翻译。她能准确表达出我们想要通过图片和文字传达的信息，正因如此，我们才能更好地面向中国大众，整理出便于中国读者理解的文字。

感谢 Foodlosophy 摄影团队，他们不仅是一支非常专业的团队，而且对这份工作非常热情，与他们的合作让我们紧张忙碌的工作多了几分轻松愉悦。在这里我想特别提到摄影师邱子峰，他能够捕捉到厨师真正想要表达的东西并且能够把它在照片中完美地表现出来。

最后还要感谢 Francisco Fournier（弗朗西斯科·弗尔涅）先生。他是我的一位作家朋友，在西班牙，他对书的内容给予了我诸多指导。

最后，我要感谢每一位读者，你们是我们所有付出的见证者，也是对我们非常重要的人，你们的认可和欣赏，是我们一直以来追求的目标。在这里，我最想跟你们说的一句话就是：谢谢你们！

David

Guzman 的团队成员

创　　意：David Guzman
食品造型：David Guzman
翻　　译：Candice(董海雁)　Alicia（宋芷若）
文案指导：Francisco Fournier（弗朗西斯科·弗尔涅）
校　　对：Candice(董海雁)　Alicia（宋芷若）
烹饪辅助：Andy（王献国）　James(张骏)

图书在版编目(CIP)数据

星厨食物造型美学 / (西) 大卫·谷滋蔓, 邱子峰著. — 北京：
中国轻工业出版社, 2021.5

ISBN 978-7-5184-3260-8

Ⅰ.①星… Ⅱ.①大… ②邱… Ⅲ.①食品—造型设
计 Ⅳ.①TS972.114

中国版本图书馆CIP数据核字（2020）第217859号

责任编辑：翟　燕

策划编辑：翟　燕　　责任终审：张乃东　　封面设计：邱子峰

版式设计：王　彪　　责任校对：朱燕春　　责任监印：张京华

出版发行：中国轻工业出版社（北京东长安街6号，邮编：100740）

印　　　刷：北京博海升彩色印刷有限公司

经　　　销：各地新华书店

版　　　次：2021年5月第1版第1次印刷

开　　　本：787×1092　1/16　印张：13.5

字　　　数：100千字

书　　　号：ISBN 978-7-5184-3260-8　定价：88.00元

邮购电话：010-65241695

发行电话：010-85119835　传真：85113293

网　　　址：http://www.chlip.com.cn

Email：club@chlip.com.cn

如发现图书残缺请与我社邮购联系调换

200639S1X101ZBW